« contre ce défaut de transcription, quand même le
« grevé et le tuteur se trouveraient insolvables. » —
Article 1072 : « Les donataires, les légataires, ni
« même les héritiers légitimes de celui qui aura fait
« la disposition, ni pareillement leurs donataires,
« légataires ou héritiers, ne pourront en aucun cas
« opposer aux appelés le défaut de transcription ou
« inscription. »

Il a été fait ici en faveur des appelés une exception
à la règle de l'article 941, à cause que les substitutions permises sont favorables, et que ceux dans
l'intérêt de qui elles sont faites sont le plus souvent
sans défense. Ainsi les seconds acquéreurs à titre
gratuit, parce qu'ils ne disputent que sur un gain à
faire, et non sur une perte à éviter, n'ont pas reçu
le droit d'opposer aux appelés le défaut de transcription ou d'inscription ; mais ils peuvent l'opposer au
grevé. Quant aux acquéreurs à titre onéreux, ils sont
évidemment ceux qu'on nomme tiers acquéreurs dans
l'article 1070, et qui, ainsi que les créanciers, ont le
droit d'opposer le défaut de transcription ou d'inscription aux appelés aussi bien qu'au grevé parce
qu'ils demandent non à gagner, mais seulement à
ne pas perdre.

On a prétendu que les deux articles du Code man-
quaient de clarté : il semble pourtant qu'il y ait
plus de clarté dans ces articles que dans quelques
discours qui ont été faits pour en détourner le texte

ARBRES D'ORNEMENT

DE PLEINE TERRE

ABBEVILLE. — IMPRIMERIE BRIEZ, C. PAILLART ET RETAUX.

BIBLIOTHÈQUE DU JARDINIER

PUBLIÉE

AVEC LE CONCOURS DU MINISTRE DE L'AGRICULTURE

ARBRES D'ORNEMENT

DE PLEINE TERRE

PAR

A. DUPUIS

Membre de l'Académie royale d'Agriculture de Turin, de la Société
royale Linnéenne de Bruxelles, etc.

OUVRAGE ORNÉ DE 40 GRAVURES

PARIS

LIBRAIRIE AGRICOLE DE LA MAISON RUSTIQUE
26, RUE JACOB, 26

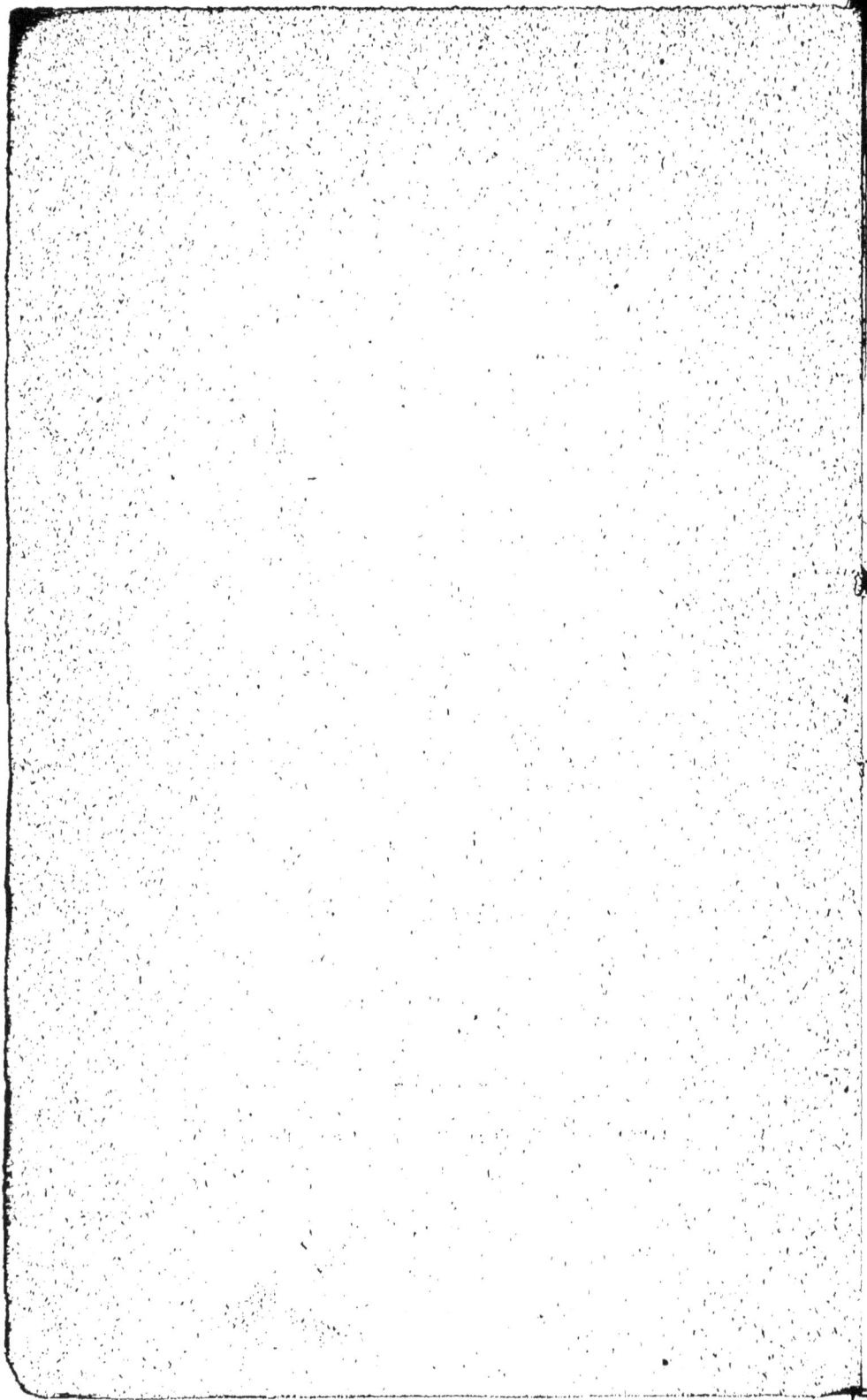

ARBRES D'ORNEMENT

DE PLEINE TERRE

CHAPITRE 1

INTRODUCTION

1. — CONSIDÉRATIONS GÉNÉRALES.

Les végétaux ligneux comprennent, d'une part les arbres, de l'autre les arbrisseaux et arbustes. Les premiers sont caractérisés par leur grande taille, égale à cinq mètres au moins, mais qui peut quelquefois dépasser cent mètres. Leur durée est longue en proportion. Leur tige, du moins à partir d'un certain âge, est nue dans sa partie inférieure, et ne se ramifie qu'à une certaine hauteur au dessus du sol.

Il n'y a pas de ligne de démarcation bien tranchée entre ce groupe et le suivant ; la limite de taille que nous venons d'indiquer ne saurait être prise d'une manière rigoureuse, et bien des espèces peuvent être

1

regardées indifféremment comme de petits arbres ou de grands arbrisseaux.

Les arbres susceptibles de croître en pleine terre sur le sol de la France appartiennent à l'embranchement des *Exogènes* ou *Dicotylédones*. Ils présentent donc les caractères généraux qui distinguent ce groupe, et se répartissent inégalement parmi ses diverses classes.

Ils comptent des représentants dans un certain nombre de familles, parmi lesquelles on remarque les magnoliacées, acérinées, hippocastanées, légumineuses, rosacées, oléinées, ulmacées, morées, salicinées, cupulifères, bétulinées et surtout les conifères.

Cette dernière, par l'importance de ses caractères, par le nombre de ses espèces, par les particularités que présentent la végétation et le mode de culture, est généralement considérée comme formant un groupe à part; aussi doit-elle être l'objet d'un volume spécial.

Nous n'avons donc à nous occuper ici que des autres végétaux arborescents de grande taille, dont l'ensemble forme, dans l'embranchement des dicotylédones, une division très-naturelle, connue en botanique sous le nom d'*Angiospermes*, en sylviculture sous celui de *Bois feuillus*.

Rappelons en quelques mots ses principaux caractères.

La tige est longuement conique, et sa partie inférieure se rapproche sensiblement de la forme d'un cylindre; elle est constituée par des fibres ligneuses, entremêlées de vaisseaux, qui se groupent en couches concentriques et annuelles.

Les rameaux, généralement alternes, plus rarement opposés ou verticillés, portent des feuilles également alternes dans la majorité des cas; elles sont plus ou moins larges et munies de nervures ramifiées, ordinairement très-apparentes.

Les fleurs sont le plus souvent hermaphrodites, plus rarement unisexuées ou polygames.

Les ovules sont toujours renfermés dans un ovaire, et les graines dans un péricarpe. L'embryon présente deux cotylédons presque toujours entiers ou à peine lobés, et la radicule est libre de toute adhérence avec l'albumen.

Les sucs qui circulent dans ces végétaux sont aqueux ou sucrés, quelquefois gommeux ou gommo-résineux, mais jamais véritablement résineux.

Ces arbres possèdent tous, plus ou moins, la propriété de produire des rejets de souches et de racines, lorsque la tige est coupée par le pied. Aussi peut-on les recéper avec succès, et les exploiter également en futaie et en taillis.

Enfin, leur cime est généralement de forme arrondie, et leurs feuilles, dans la plupart des cas, meurent et tombent tous les ans à l'automne.

Dans la pratique, les végétaux qui nous occupent se divisent en arbres forestiers, fruitiers et d'ornement. On range ordinairement dans ce dernier groupe les espèces, la plupart exotiques, qui ne rentrent pas dans les deux autres.

Mais il est évident que cette expression d'*arbres d'ornement* doit être prise dans un sens plus étendu, ou plutôt que tous les végétaux ligneux de grande taille peuvent et doivent être considérés comme tels. Il n'en est pas un, en effet, qui, placé et disposé convenablement, ne puisse concourir pour sa part à l'ornementation des parcs et des jardins.

Les arbres forestiers les plus communs, ceux auxquels nous faisons à peine attention quand ils se montrent répandus à profusion et comme perdus dans l'épaisseur des grands bois, d'ailleurs presque entièrement abandonnés aux soins de la nature, produisent un tout autre effet quand ils sont transportés dans les plantations d'agrément.

Là, soumis à des soins convenables de culture et d'entretien, tantôt isolés, tantôt groupés en lignes ou en massifs, mis en un mot chacun à sa place, ils se déloppent beaucoup mieux et se montrent dans toute leur beauté.

Les arbres fruitiers eux-mêmes, s'ils n'atteignent pas la dimension des précédents, se recommandent par la richesse de leur floraison. Qui n'a remarqué le charmant effet que produisent, au printemps, les pommiers, les poiriers, les cerisiers, les pêchers, etc? D'un autre côté, les formes régulières, souvent élégantes, que la taille impose à ces arbres, les modifications opérées par la greffe, leurs fruits souvent remarquables par le nombre, la forme ou la couleur, leur assignent une certaine place dans les plantations; ils conviennent surtout aux jardins symétriques.

Ce sera donc à ce point de vue très-large que nous envisagerons les arbres d'ornement, nous ne croyons pas devoir exclure certaines espèces par cela même qu'elles sont utiles; toutefois nous passerons sommairement sur celles qui, destinées surtout à la production fruitière, sont généralement connues.

Enfin, nous ferons observer que nous avons à nous occuper seulement des arbres plus ou moins rustiques, qui peuvent croître en plein air, soit dans toute la France, soit au moins dans une notable partie de son territoire, ou auxquels un abri léger suffit durant la mauvaise saison.

II. — ROLE DÉCORATIF DES ARBRES.

L'arbre présente la plus haute expression de la beauté dans le règne végétal. Il plaît autant par la majestueuse harmonie de l'ensemble que par la gracieuse variété des détails.

La dimension des arbres est très-variée ; tandis que certains d'entre eux, placés sous ce rapport à la limite inférieure, se rapprochent des arbrisseaux et ne dépassent guère cinq à six mètres, il en est, tels que les eucalyptes, qui atteignent jusqu'à cent cinquante mètres. L'épaisseur du tronc et l'ampleur de la cime ne présentent pas des différences moins marquées.

Le développement relatif de ses diverses parties contribue, plus que toute autre chose, à imprimer à chaque espèce son *port* ou son aspect particulier.

La tige, en général droite, régulière, cylindrique ou à peu près, est couverte d'une écorce verte dans le jeune âge, mais qui ne tarde pas à affecter, dans la plupart des cas, des teintes grises ou brunâtres, plus ou moins foncées. D'abord unie et lisse, elle tend, par le grossissement du tronc, à se distendre, à se déchirer et à former, sur les vieux sujets, un grossier réseau à mailles plus ou moins larges.

Quelquefois cependant l'écorce se renouvelle en quelque sorte ; ses couches extérieures se détachent par plaques, comme dans le platane ou le planère, et alors elle conserve toujours sa teinte verte, ou bien par lanières transversales, comme dans le bouleau ou le merisier, dont la tige se fait remarquer de loin par ses teintes d'un blanc pur ou d'un rouge vif.

Les rameaux, dans leur direction, présentent tous les états possibles; en général, ils s'élèvent obliquement, comme on peut le voir dans les chênes communs, ou sont plus ou moins étalés horizontalement, comme dans le platane.

Quelquefois ils s'élèvent verticalement, c'est ce qu'on remarque dans le peuplier d'Italie. D'autres fois, ils s'inclinent et pendent vers le sol; les arbres sont alors appelés *pleureurs*; le saule pleureur en présente un exemple familier.

La direction et le développement relatif des branches et des rameaux contribuent à donner à l'arbre une cime pyramidale, ovoïde, arrondie, étalée, ou comme échevelée.

Le feuillage présente aussi une variété infinie dans sa forme, sa disposition, son abondance, sa compacité, etc., d'où résultent le couvert et l'ombrage de l'arbre. La feuille varie fréquemment de forme dans une même espèce, quelquefois aussi sur le même individu, ce qui constitue les variétés dites *hétéro-phylles*.

Le vert est la couleur dominante dans les feuilles ; mais il présente les nuances les plus diverses. A l'automne, cette couleur est remplacée par des teintes jaunes ou rouges plus ou moins vives. Il existe d'ailleurs des espèces ou des variétés (et le nombre en augmente tous les jours) à feuilles glauques ou bleuâtres, ou d'un blanc soyeux, jaunâtres, pourpres, ferrugineuses, ou bien encore panachés de jaune ou de blanc.

La fleur, à peine perceptible dans les chênes ou les hêtres, présente quelquefois des dimensions et des couleurs très-remarquables ; il suffit de citer les pommiers, les cerisiers, les cytises, les marronniers, les magnoliers, les catalpas, les paulownias, etc.

Enfin, le fruit peut concourir à la beauté de l'arbre par l'élégance de ses formes ou l'éclat de ses couleurs ; nos arbres fruitiers sont bien connus à cet égard, et on sait aussi l'effet que produit le sorbier des oiseleurs.

Ces mérites divers doivent être pris en considération dans le choix des espèces ornementales.

La beauté d'un arbre est due, tantôt à l'ensemble harmonieux de ces divers caractères, tantôt à la prédominance de l'un ou de plusieurs d'entre eux. Dans tous les cas, les plantations convenablement disposées ne peuvent qu'embellir le paysage. Il suffit de quelques arbres bien placés pour parer le sol le plus nu, pour donner un certain cachet aux fabriques les plus vulgaires. Les espèces exotiques ont à cet égard un double avantage ; elles nous présentent des formes que nous sommes peu ou point habitués à voir et reportent l'imagination vers des contrées plus ou moins lointaines.

Chaque espèce d'arbres a d'ailleurs sa physionomie particulière, qui lui permet de s'adapter spécialement à telle ou telle condition et de produire les aspects et les contrastes les plus heureux.

CHAPITRE II

Nous devons maintenant passer en revue la longue série des arbres d'ornement (les conifères ou résineux exceptés). Nous les rangerons suivant l'ordre des familles naturelles. Cette classification est beaucoup plus pratique qu'on ne serait tenté de le croire. Les espèces d'un même groupe présentent en effet une analogie plus ou moins grande dans leur mode de végétation, comme dans leur tempérament ou leur culture.

I. — MAGNOLIACÉES

MAGNOLIER (*Magnolia*).

Les Magnoliers sont des arbres à grandes feuilles alternes, caduques ou persistantes; à fleurs solitaires terminales, très-grandes, blanches ou blanc rosé, ordinairement d'une odeur agréable; le fruit forme une sorte de cône, d'abord verdâtre, puis brun noirâtre, des écailles duquel s'échappent, au moment de la ma·

turité, des graines d'un rouge quelquefois très-vif, sus-
pendues par un long filament. Ces graines renferment
un petit embryon, entouré d'un albumen charnu.

La plupart des Magnoliers sont originaires de l'A-
mérique du Nord, notamment de la Caroline; quel-

Fig. 1. Magnolier à grandes fleurs.

ques-uns viennent de l'Asie-Orientale. Presque tous
croissent bien en pleine terre jusque sous nos
climats du nord de la France. Ils figurent très-bien,
soit isolés, soit en massifs, et se recommandent, tant
par l'élégance de leur port et la beauté de leur feuillage

1.

que par la richesse de leur floraison, souvent très-précoce.

On peut diviser les Magnoliers en deux groupes, suivant que leur feuillage est persistant ou caduc.

I. — MAGNOLIERS A FEUILLES PERSISTANTES.

Le Magnolier à grandes fleurs (*M. grandiflora*) (Fig. 1) est l'espèce la plus anciennement connue et peut être considéré comme le type du genre. C'est un grand arbre, atteignant 30 mètres dans son pays natal, et dont le port est à la fois élégant et majestueux. Sa tige droite se divise en rameaux nombreux, dont l'ensemble forme une cime régulière; ils sont couverts de grandes feuilles ovales-lancéolées, épaisses, coriaces, d'un beau vert brillant en dessus, roussâtres en dessous.

Ses grandes fleurs d'un blanc pur, à étamines d'un jaune d'or, se succèdent depuis juillet jusqu'en novembre et ont une odeur agréable. Les fruits contribuent encore à l'effet ornemental de l'arbre, par leurs graines d'un rouge vif.

Originaire de la Caroline, cette espèce a produit un grand nombre de variétés, à feuilles plus ou moins grandes, aiguës, obtuses ou arrondies; à fleurs plus amples, plus précoces ou plus tardives; à feuillage fer-rugineux, etc. Les plus estimées sont les variétés dites de *la Maillardière* et de *la Galissonnière*.

Cet arbre, l'un des plus beaux que l'on connaisse, supporte très-bien la pleine terre dans le midi, le centre et l'ouest de la France. Dans le nord et l'est, il est un peu délicat, et demande une exposition abritée. Il lui faut une terre franche, profonde, substantielle, plutôt sèche qu'humide

On le multiplie de graines semées, aussitôt après leur maturité, en terrines remplies de terre franche sableuse, ou de terre légère bien terreautée, et placées au printemps sur couche tiède et sous châssis.

A l'automne ou au printemps suivant, on repique les jeunes plants en pots, qu'on rentre en orangerie; puis, au bout de deux ans, on les replante en pleine terre.

Quant aux variétés, généralement plus délicates, on les multiplie par la greffe en approche sur le type.

II. — MAGNOLIERS A FEUILLES CADUQUES.

Le Magnolier parasol (*M. umbrella*) atteint la taille de huit à dix mètres; ses feuilles, lancéolées, molles, ondulées sur les bords, dépassent quelquefois 0m 50 de longueur. Ses grandes fleurs blanches, d'une odeur forte et peu agréable, se montrent en juin; ses fruits et ses graines sont d'un rouge vif. Cette espèce est originaire de l'Amérique du Nord, et très-rustique.

Le Magnolier à grandes feuilles (*M. macrophylla*) est à peu près de la taille du précédent; mais il a des feuilles plus grandes, ovales et cordiformes à la base. Ses fleurs ont des pétales blancs, lavés de pourpre dans leur partie inférieure. Il vient de la Caroline, et forme un très-bel arbre. Ses fruits, qui sont pubescents, mûrissent à l'automne.

Le Magnolier yulan (*M. yu-lan*) est originaire de la Chine. Il atteint 12 mètres de hauteur, et porte des feuilles ovales, et des fleurs grandes, blanches, d'une odeur douce, paraissant en avril, avant les feuilles. Il a produit une variété, dite de Soulange (*M. Soulangeana*), remarquable par ses fleurs blanches, pourpres au dehors, et par ses fruits violacés à la maturité.

Le Magnolier acuminé (*M. acuminata*), de Pensylvanie, est un grand arbre de 30 mètres, à feuilles amples, ovales, à grandes fleurs d'un jaune verdâtre et à fruits rouge-cerise.

Le Magnolier à feuilles en cœur (*M. cordata*) ressemble beaucoup au précédent ; ses feuilles sont plus petites ; mais, malgré le nom de l'espèce, elles sont plus souvent ovales que cordiformes. Il fleurit en juin, et refleurit souvent en septembre. Il vient de la Caroline.

Le Magnolier glauque (*M. glauca*), de l'Amérique du nord, est un petit arbre de 5 à 6 mètres, qui produit, pendant tout l'été, des fleurs blanches d'une odeur suave. Le Magnolier de Thompson (*M. Thompsoniana*) n'est peut-être qu'une variété à fleurs plus grandes.

Le Magnolier de Fraser (*M. Fraseri*) atteint 10 à 12 mètres, et porte de grandes feuilles ovales, aiguës, sinuées, et des fleurs blanches, agréablement odorantes, qui paraissent en avril et mai. Il est de la Caroline, comme le Magnolier pyramidal (*M. pyramidata*), qui en diffère par sa taille plus petite.

Ces espèces se cultivent comme le Magnolier à grandes fleurs ; on les élève en terre de bruyère, à mi-ombre ; puis on les plante à demeure en terre franche, légère, un peu fraîche et à sous-sol perméable.

TULIPIER (*Liriodendron*).

Le Tulipier de Virginie (*L. tulipifera*), vulgairement *Arbre aux tulipes*, est un arbre de 30 à 40 mètres, à tige droite, régulière, divisée en rameaux nombreux, étalés, qui portent des feuilles à quatre lobes, tronquées au sommet, d'un vert clair en dessus, blanchâtres en dessous, et prenant une belle teinte jaune au moment de leur chute. L'ensemble forme une cime ample, étendue et très-épaisse.

Les fleurs, solitaires à l'extrémité de longs pédoncules, assez nombreuses, grandes, d'un jaune verdâtre portant au milieu une grande tache d'un rouge feu ou orangé, paraissent en juin et juillet, et sont légèrement odorantes. Le fruit est une sorte de cône dressé.

Cette espèce, originaire de l'Amérique du Nord, a produit plusieurs variétés, dans la forme et la découpure des feuilles, ainsi que dans la nuance plus vive et plus franchement jaune des fleurs.

Le Tulipier est aujourd'hui très-répandu en France. On le plante quelquefois en massifs, en quinconces, en avenues, etc ; mais c'est surtout isolé qu'il produit un bel effet par son port majestueux et sa cime régulière.

Tout climat point trop froid, et un peu humide, lui convient. Il craint l'ombre et demande une exposition découverte, et vient bien au nord. Peu difficile sur le sol, pourvu que celui-ci soit frais, il préfère les bonnes terres franches, un peu argileuses et suffisamment profondes.

On le propage surtout de graines, semées de préférence à l'automne, en planches ou en terrines, dans un sol léger, et mieux en terre de bruyère pure ou mélangée de terre franche. Le semis est couvert d'un paillis pendant l'hiver. A la seconde ou à la troisième année, on repique les plants en pépinière.

On pourrait employer le bouturage ou le marcottage ;

mais ces deux modes présentent quelques difficultés et donnent de moins beaux résultats. On n'y a recours que pour multiplier les variétés ; encore même en ce cas la greffe est-elle préférable.

Le Tulipier doit être planté à demeure quand il est encore jeune, car il reprend difficilement à un âge avancé. On doit opérer au printemps, et ne pas étêter le sujet.

Il faut aussi être très-réservé pour la taille. Dans les premières années, on se borne à pincer les pousses latérales qui tendraient à s'emporter. Plus tard, on ne doit couper les branches que très-modérément, et lorsqu'on veut régulariser la forme de l'arbre. On a soin d'opérer avant le mouvement de la séve, et de recouvrir les plaies avec les enduits ordinaires.

II.—STERCULIACÉES.

STERCULIER (Sterculia).

Le Sterculier à feuilles de platane (S. platanifolia) est un arbre de 10 à 12 mètres, à tige nue, droite, à grandes feuilles, semblables à celles du platane, à fleurs verdâtres, en panicule terminale. Originaire de la Chine, il est rustique dans le midi et l'ouest de la France, mais résiste mal aux hivers de Paris. La variété japonaise est moins délicate. Il faut à cet arbre une exposition chaude et abritée. On le multiplie de semis ou de boutures étouffées.

III. — TILIACÉES.

TILLEUL (Tilia).

Les Tilleuls sont de grands arbres, à jeunes rameaux

généralement rouges, à feuilles alternes, échancrées
en cœur à la base. Les fleurs, petites, nombreuses, d'un
jaune verdâtre, odorantes, sont réunies en corymbes
axillaires, plus ou moins fournis, et dont le pédoncule
commun est soudé, dans sa partie inférieure, avec la
nervure médiane d'une bractée ovale allongée, mem-

Fig 2. Tilleu des bois.

braneuse, d'un blanc jaunâtre. Les fruits sont de petites capsules globuleuses ou ovoïdes, verdâtres.

Les Tilleuls sont au nombre des essences les plus
recherchées pour former des avenues, des quinconces,
des massifs, etc. Ils ont un port agréable et élégant.
Leur feuillage est assez précoce ; mais par contre il se

dessèche et tombe à une époque peu avancée. Les espèces indigènes sont d'ailleurs sujettes à être envahies
par les pucerons.

Le Tilleul des bois (*T. sylvestris*), appelé aussi *Tilleul
à petites feuilles*, a, comme l'indique ce dernier nom,
les feuilles assez petites, d'un vert foncé en dessus,
glauques en dessous, et portées sur des rameaux
velus (Fig. 2).

Le Tilleul intermédiaire (*T. intermedia*) est une variété qui tient le milieu entre cette espèce et la suivante.

Le Tilleul commun ou de Hollande (*T. platyphyllos*),
appelé aussi *Tilleul à grandes feuilles*, ressemble beaucoup au premier ; mais ses feuilles sont plus larges,
velues, et tombent plus tôt, surtout dans les terrains
secs. Il a produit des variétés remarquables, à feuilles
laciniées ou liserées de blanc.

Ces espèces croissent spontanément dans la plus
grande partie de l'Europe, et sont très-rustiques.

Le Tilleul argenté (*T. argentea*) se distingue du précédent par ses feuilles très-grandes, blanches et cotonneuses en dessous, et persistant plus longtemps ; par
ses fleurs bien plus tardives, mais d'une odeur plus
agréable. Il croît en Hongrie.

Le Tilleul corallin (*T. corallina*) a aussi des feuilles
très-grandes et portées sur des rameaux d'un rouge de
corail. Il est originaire du même pays.

La plupart des espèces précédentes ont des variétés
à rameaux pendants ou pleureurs.

Le Tilleul à feuilles variables (*T. heterophylla*), l'une
des plus belles espèces du genre, est un arbre de
moyenne grandeur, à feuilles très-grandes, vert foncé
en dessus, tomenteuses et munies de poils roux le long

des nervures en dessous ; ses fleurs blanchâtres, odorantes, se montrent en août. Il croît aux États-Unis.

Le Tilleul glabre ou d'Amérique (*T. Americana*) a des feuilles grandes, glabres, coriaces, presque rondes, et des fleurs verdâtres, en Juillet. Il croît aussi dans l'Amérique du Nord, ainsi que le Tilleul laxiflore (*T. laxiflora*).

Les Tilleuls demandent un terrain frais et léger. Ils se multiplient facilement par semis, boutures et marcottes. Très-rustiques et d'une croissance rapide, ils sont aussi fort dociles à la taille et prennent des formes variées. Tous ces avantages les rendent précieux pour les plantations de ligne.

Toutefois, le Tilleul argenté doit être planté isolé, pour produire tout son effet. Cette espèce et celles d'Amérique se multiplient encore par la greffe en fente sur le Tilleul commun ou le Tilleul des bois.

IV. — ACÉRINÉES.

ÉRABLE (*Acer*).

Les Érables sont des arbres à tige droite ; à rameaux opposés, ainsi que les feuilles, qui sont diversement palmées ; à fleurs jaunâtres, réunies en grappes ou en corymbes, et paraissant avant les feuilles ; à fruits aplatis et ailés (samares).

Originaires des régions tempérées des deux continents, ces arbres végètent bien sur le sol de la France, et plusieurs sont recherchés pour les plantations de ligne.

I. — ÉRABLES DE L'ANCIEN CONTINENT.

L'Érable sycomore (*A. pseudo-platanus*) est un arbre

de 25 à 30 mètres, à tige droite, régulière, à rameaux brun rougeâtre, portant des feuilles à cinq lobes arrondis, vert foncé en dessus, blanchâtres et cotonneuses en dessous. L'ensemble forme une cime épaisse et régulière. Les fleurs, disposées en grappes pendantes, paraissent en avril et mai.

Cette espèce a produit plusieurs variétés, à feuillage panaché de blanc, de jaune, de rose ou de pourpre.

L'Érable plane (*A. platanoïdes*), appelé aussi *Platelain* ou Érable de Norwège, ressemble beaucoup au précédent; on le reconnaît à sa taille un peu moins grande, à ses feuilles à lobes plus aigus, vertes et glabres sur les deux faces, à ses fleurs en grappes dressées, et surtout au suc blanc laiteux qui s'écoule des parties vertes quand on les blesse. On remarquera deux variétés, l'une à feuilles panachées, l'autre à feuilles laciniées et crispées *(Érable à feuilles de persil)*.

Ces deux espèces habitent les montagnes de l'Europe centrale.

L'Érable champêtre (*A. campestre*) est notablement plus petit; il ne dépasse guère 10 mètres; ses feuilles sont petites, à lobes arrondis, et ses fleurs paraissent au commencement de mai. Il croît dans les bois de presque toute l'Europe, et on en fait souvent des haies et des palissades.

L'Érable de Montpellier (*A. Monspessulanum*) est à peu près de la taille du précédent; ses feuilles, à trois lobes très-réguliers, persistent souvent jusqu'à la fin de l'hiver. Originaire du Midi, il supporte bien le climat de Paris.

L'Érable de Crète (*A. Creticum*), espèce très-voisine; peut-être même simple variété du précédent, s'en distingue surtout par sa taille plus petite et ses feuilles souvent entières.

L'Érable-duret ou à feuilles d'obier (*A. opulifolium*) ne dépasse guère non plus 10 mètres ; ses feuilles sont à cinq lobes arrondis, et ses fleurs en corymbes presque sessiles.

L'Érable de Tartarie (*A. Tataricum*), haut de 9 mètres au plus, a des feuilles anguleuses, dentées, cordiformes et des fleurs blanchâtres lavées de rose.

Citons encore les Érables opale (*A. opalus*) et de Naples (*A. Neapolitanum*), d'Italie, et l'érable palmé (*A. palmatum*), petit arbre originaire du Japon.

L'Érable polymorphe (*A. polymorphum*), est un petit arbre très-variable dans ses caractères, comme l'indique son nom. Il présente plusieurs variétés à rameaux rougeâtres, à feuilles divisées en sept ou neuf lobes, et diversement panachées ou colorées de jaune, de brun, de pourpre ou de rose, d'un très-bel effet. Il croît aussi au Japon.

II. — Érables du nouveau continent.

L'Érable rouge (*A. rubrum*) est un grand et bel arbre, à feuilles blanchâtres en dessous, tronquées ou échancrées en cœur à la base, à trois ou cinq lobes aigus ou dentés; les fleurs rouges, en corymbe, paraissent en avril, avant les feuilles; les fruits sont rouges. L'Érable écarlate (*A. coccineum*) en est très-voisin, ainsi que les Érables tomenteux (*A. tomentosum*) et à fruits velus (*A. eriocarpum*), que plusieurs auteurs regardent comme de simples variétés de cette espèce. Le dernier a des fleurs et des fruits blancs, ce qui lui a valu le nom vulgaire d'*Érable blanc*.

L'Érable à sucre (*A. saccharinum*) est aussi un grand arbre dans son pays natal; mais chez nous il n'atteint qu'une taille moyenne. Ses grandes feuilles ressemblent beaucoup, pour la forme, à celles de l'Érable rouge. Ses fleurs jaunâtres, en corymbe pendant, se montrent en avril.

L'Érable noir (*A nigrum*), regardé souvent comme une simple variété du précédent, s'en distingue par sa taille un peu plus petite, ses feuilles plus épaisses, d'un vert plus foncé en dessus, glauques et pubescentes en dessous.

L'Érable jaspé ou de Pensylvanie (*A. striatum*) est un arbre de moyenne grandeur, remarquable surtout par son écorce lisse, verte, agréablement jaspée de blanc. Il porte de grandes feuilles arrondies, cordiformes à la base, à trois lobes aigus et dentés, et des fleurs verdâtres, en longues grappes pendantes.

L'Érable à grandes feuilles (*A. macrophyllum*) a aussi l'écorce un peu jaspée dans sa jeunesse; ses feuilles sont grandes et lobées, glabres en dessus; ses fleurs jaunes, odorantes, en thyrses dressés, paraissent en mai

L'Érable de montagne ou à épis (*A. spicatum*) s'en distingue par sa taille un peu plus petite, son écorce rougeâtre, ses feuilles pubescentes en dessous et ses fleurs jaunâtres, en grappes dressées. Il y a une variété à grappes pendantes.

L'Érable à feuilles rondes (*A. circinatum*) est un arbre de 10 à 12 mètres, à rameaux grêles et pendants, à feuilles arrondies, à sept ou neuf lobes dentés.

Toutes ces espèces sont originaires de l'Amérique du Nord, et plus particulièrement des États-Unis.

Les Érables sont généralement rustiques. Les espèces

européennes, peu difficiles sur la nature du sol, végètent mieux en terre franche, légère, substantielle et
fraîche. Les Érables de Montpellier et de Pensylvanie
s'accommodent même des terrains les plus arides. Toutefois, la plupart des espèces américaines sont plus
exigeantes; il leur faut un sol plus riche et plus pro-
fond. Les Érables rouge et de Tartarie ont besoin de
beaucoup d'humidité. Les espèces de l'Asie orientale
sont plus délicates et résistent mal aux hivers du
nord.

Les Érables se propagent facilement par graines, semées de préférence au printemps, en rigoles, et recouvertes d'une couche de feuilles ou de mousse. Au
bout de deux ans, on repique en pépinière, pour mettre
en place à la quatrième année.

Pour les espèces rares, si l'on sème au printemps,
on aura fait stratifier les graines durant l'hiver.

On peut employer, pour les essences indigènes, les
drageons et les jeunes pieds qu'on trouve dans les
bois ; mais il est bon de les repiquer d'abord en pépinière.

Le bouturage réussit pour la plupart des Érables, et
le marcottage s'emploie surtout pour ceux du Japon.

Enfin, les espèces rares ou exotiques se multiplient,
par la greffe, en écusson ou en fente, sur l'Érable sycomore, à défaut sur l'Érable champêtre, jamais sur
l'Érable plane.

Tous ces arbres figurent avec avantage dans les
avenues ou les massifs, et ne demandent que les soins
ordinaires. On doit les élaguer très-modérément, et
seulement dans le but de régulariser leur forme.

NÉGUNDO (*Negundo*).

Ce genre, confondu autrefois avec les Érables, s'en distingue au premier coup d'œil par ses feuilles composées et imparipennées; les fleurs sont toujours en grappes pendantes.

Le Négundo à feuilles de frêne (*N. fraxinifolium*), vulgairement *Erable Negundo* ou *à feuilles de frêne*, est un arbre de 12 à 15 mètres, à rameaux nombreux, lisses, d'un beau vert, à feuilles imparipennées, composées de 5 ou 7 folioles aiguës, oblongues, dentées, l'impaire longuement pétiolée.

Ce bel arbre, qui croît dans les lieux humides et les bas-fonds des régions centrales des États-Unis, produit plusieurs variétés, à écorce violacée bleuâtre, à feuilles (folioles) très-découpées ou frisées. La plus remarquable est sans contredit la variété à feuilles panachées de blanc ou de jaune; la vogue dont elle jouit depuis plusieurs années s'explique et se justifie par le superbe effet que produit son feuillage. On distingue aussi la variété dite *de Californie*, que plusieurs auteurs ont élevée au rang d'espèce, et qu'on reconnaît à sa tige farineuse et ses feuilles trifoliolées et pubescentes.

Le Négundo se contente de tout terrain un peu frais. Sa culture ne diffère pas sensiblement de celle des Érables. Toutefois, comme ses fruits contiennent peu de bonnes graines, on le propage surtout par boutures. La variété de Californie se multiplie encore très-bien par marcottes.

Cet arbre a une végétation rapide; mais on ne le laisse pas toujours monter en tige. Le plus souvent on le recèpe tous les trois ou quatre ans, surtout les variétés panachées, qui produisent ainsi des touffes ou cépées d'un charmant effet.

V. HIPPOCASTANÉES.

Marronnier (*Æsculus*).

Les Marronniers sont des arbres à feuilles amples, opposées, digitées, à grandes fleurs groupées en thyr-

Fig. 3. Marronnier d'Inde.

ses terminaux; à fruit globuleux, souvent hérissé de pointes épineuses, et renfermant une grosse graine brune et luisante.

Originaires des régions tempérées de l'Asie et de l'Amérique, les Marronniers sont rustiques et fréquemment cultivés dans les jardins et les avenues.

Le Marronnier d'Inde (*Æ. hippocastanum*) (fig. 3) est

un arbre de 25 à 30 mètres, à tige droite, couverte
d'une écorce brune et rugueuse. Les rameaux opposés,
dont l'ensemble forme une cime d'une rare beauté,
portent de grandes feuilles opposées, digitées, d'un
beau vert et très-précoces. Les fleurs, grandes, blanches, tachées de jaune ou de pourpre, réunies en thyrses très-élégants, se montrent en avril. Il arrive
souvent, après les étés secs, que l'arbre se couvre de
nouveau, à l'automne, de feuilles et de fleurs. Le
fruit est très-gros et hérissé de pointes épineuses et
dures.

Originaire des régions montagneuses de l'Asie centrale, cet arbre a produit de nombreuses variétés:
naines, — à rameaux pendants, — à feuilles plus ou
moins découpées, — à feuilles panachées de blanc ou
de jaune, — à fleurs doubles et de plus longue durée,
— à fruits lisses.

Le Marronnier rouge *(Æ. rubicunda)* est moins élevé
que le précédent ; ses feuilles sont d'un vert plus foncé
et comme gaufrées. Ses fleurs varient du rouge carné
au rose, au rouge vif et au pourpre. Son fruit est presque inerme. On croit cet arbre originaire de l'Amérique.

Les Marronniers s'accommodent de tout terrain
frais ou même humide. On les multiplie de graines,
semées au printemps, après avoir été stratifiées dans du
sable durant l'hiver. On peut semer sur place, et mieux
en rigole, pour repiquer les jeunes plants en pépinière. Les variétés ou les espèces rares se greffent en
fente sur le Marronnier d'Inde commun. Ces arbres supportent bien la taille, pourvu qu'on ne leur fasse pas
de trop larges plaies. Dans les avenues, on les soumet
souvent à la taille en éventail, à l'aide d'une tonte
périodique au croissant.

PAVIA (*Pavia*).

Ce genre ressemble beaucoup aux Marronniers, auxquels il était réuni autrefois. Il s'en distingue par ses fleurs tubuleuses, ses feuilles plus lisses et ses fruits inermes.

Le Pavia jaune (*P. flava*) est un arbre de 12 à 15 mètres, à feuilles pubescentes en dessous, à fleurs jaune pâle, lavées de rouge à l'intérieur, paraissant à la fin de mai, et à fruits roussâtres. Cet arbre, originaire de la Caroline, est très-beau et très-rustique; mais il a l'inconvénient de développer ses feuilles tard et de les perdre de bonne heure.

Le Pavia de l'Ohio (*P. Ohiotensis*) diffère du précédent par sa taille moins élevée, ses feuilles pubescentes seulement le long des nervures, et ses fruits presque épineux. Ce dernier caractère l'a fait ranger par plusieurs auteurs parmi les Marronniers.

Du reste, tout ce que nous avons dit de ceux-ci, pour la culture et l'emploi ornemental, peut se rapporter aux *Pavia*. La multiplication se fait par semis. On greffe souvent le Pavia jaune sur le Marronnier; mais les sujets ainsi obtenus n'ont ni un aussi beau port ni une aussi riche floraison.

UNGNADIA (*Ungnadia*).

L'Ungnadia élégant (*U. speciosa*) est un grand arbre à feuilles alternes, imparipennées, composées de sept folioles. Ses belles fleurs d'un blanc rosé sont groupées en corymbes terminaux. Le fruit est à trois loges.

Originaire du Texas, cette belle espèce végète assez

2

bien sous nos climats. Elle se recommande surtout par son feuillage et son port élégant. Il lui faut une terre légère, bien terreautée, exposée au nord, et un abri pendant l'hiver. On la propage de graines ou de boutures.

VI. — SAPINDACÉES.

KŒLREUTÈRE (*Kœlreuteria*).

Le Kœlreutère paniculé (*K. paniculata*) est un petit arbre de 5 à 6 mètres, à cime ample, à feuilles imparipennées, luisantes, d'un beau vert foncé. Ses fleurs, petites, d'un beau jaune, groupées en grandes panicules, paraissent en juin. Ses fruits sont des capsules rougeâtres, pendantes. Originaire de la Chine, cet arbre aime une bonne terre légère et fraîche. On le propage de graines semées en place, de boutures et de marcottes.

VII. — MÉLIACÉES.

AZÉDARACH (*Melia*).

L'Azédarach commun (*M. azedarach*), vulgairement *Lilas des Indes, arbre à chapelets*, etc., est un arbre d'environ 10 mètres, rameux, à feuilles imparipennées, glabres. Les fleurs, lilacées, disposées en panicules axillaires dressées, se succèdent pendant tout l'été, et exhalent une odeur agréable. Les fruits sont des drupes charnues, globuleuses, jaunâtres, du volume d'une cerise et d'une odeur nauséeuse.

Originaire de l'Inde, l'Azédarach vient bien en pleine

terre dans le midi et l'ouest de la France. Dans le nord, au contraire, il ne supporte les froids de l'hiver qu'à une bonne exposition, ou bien à l'aide d'un bon paillis, de litière ou de feuilles sèches ; là du reste il se développe mal.

L'Azédarach exige une terre franche, légère, substantielle et une exposition méridionale. On le multiplie de graines semées en terrine et repiquées sur couche. On arrose copieusement en été. La taille doit être modérée, et se réduire à peu près à la suppression des branches mortes.

VIII. — ZANTHOXYLÉES.

AILANTE (Ailantus).

L'Ailante glanduleux (A. glandulosa), plus connu sous le nom vulgaire et impropre de *Vernis du Japon*, est un grand et bel arbre, à tige droite et régulière et à cime arrondie. Ses feuilles, grandes, imparipennées, d'un beau vertsombre, se montrent assez tard, mais ne tombent que vers la fin de l'automne. Les fleurs verdâtres, de peu d'effet et d'une odeur désagréable, sont groupées en panicules terminales et apparaissent en août. Les fruits sont des samares allongées et jaunâtres.

Originaire de l'Asie orientale, l'Ailante croît en plein air sur presque tous les points de notre territoire. Dans le nord, il faut le placer à une exposition chaude et abritée. Il est très-rustique et ne craint ni la chaleur ni la sécheresse ; mais, ses rameaux et ses feuilles étant très-fragiles, il convient de le mettre à l'abri des grands

vents. Il vient bien à l'ombre des autres arbres. Son
port majestueux et la beauté de son feuillage le recommandent pour les parcs et les plantations urbaines, où
il produit toujours un effet remarquable, soit isolé,
soit en avenues ou en massifs.

L'Ailante réussit dans les sols les plus ingrats ; il
préfère toutefois les terres fraîches, profondes et de consistance moyenne. La disposition traçante de ses racines
le rend éminemment propre à maintenir les terrains
en pente.

On le multiplie de graines, semées au commencement du printemps, en planches, dans un sol léger et
frais. On recouvre le semis de mousse ou de feuilles
sèches. Un an après, on repique en pépinière ; à l'âge
de trois ans, de quatre ans au plus, les jeunes sujets
peuvent être plantés à demeure.

L'Ailante se propage aussi avec la plus grande facilité par les drageons qui naissent en abondance de ses
racines, et qu'on repique en pépinière. On emploie
encore avec succès le bouturage des rameaux de l'année et même la bouture en plançons.

Enfin, un mode de multiplication très-expéditif consiste à recueillir tous les fragments de racines qu'on
peut se procurer, à les couper en tronçons d'un à deux
décimètres de longueur, et à les planter en rigoles, le
gros bout au jour, dans une terre fraîche et légère.

Abandonné à lui-même, cet arbre s'étend en branches un peu diffuses, et il prend à peu près la forme
du noyer. Sa croissance est très-rapide. On ne doit y
porter la serpe qu'avec beaucoup de modération. Si
l'on se contente de couper tous les ans ses branches
latérales jusqu'à une certaine hauteur, il monte droit
et présente une tige longue et élégante, couverte d'une

écorce toujours lisse, et surmonté d'une cime en parasol d'un aspect agréable. On peut ainsi avoir en peu
de temps, dans les parcs, des allées et des massifs
d'une belle venue.

IX. — RHAMNÉES.

NERPRUN (*Rhamnus*).

Le Nerprun à larges feuilles (*R. latifolius*) est un
petit arbre de 5 à 6 mètres, à feuilles grandes, ovales,
acuminées, entières, coriaces, velues dans leur jeune
âge, d'un vert foncé, tombant fort tard à l'automne ;
ses baies d'abord rouges, deviennent noires à la maturité. Cet arbre, originaire des montagnes des Açores,
est assez rustique et se plaît dans tous les sols qui ne
sont pas trop secs. On le multiplie de graines, de marcottes et de greffes sur les espèces européennes.

JUJUBIER (*Zizyphus*).

Le Jujubier commun (*Z. vulgaris*) est un arbre qui peut
atteindre 8 à 10 mètres de hauteur ; sa tige tortueuse, couverte d'une écorce brune et crevassée, se garnit, presque
dès la base, de branches à écorce rouge-brun, divisées
en rameaux verts, grêles, épineux, qui portent des
feuilles alternes, ovales oblongues, acuminées, dentées,
d'un vert clair et brillant. Les fleurs, petites, d'un
jaune pâle, s'épanouissent à la fin du printemps. Le
fruit est une drupe ovoïde, rouge-brun à la maturité,
lisse, de volume et de formes variables suivant les
races.

Le Jujubier croît sur les bords du bassin méditerranéen. Il est assez répandu dans toute l'Europe méridionale. Dans le midi de la France, on le trouve assez souvent dans les haies, mais surtout dans les vergers agrestes. Il peut croître en plein air dans le centre, et même sous le climat de Paris. Mais à cette limite extrême, il végète péniblement, et ses jeunes branches périssent par les froids rigoureux.

Bien qu'il soit peu exigeant pour la nature du sol, il préfère néanmoins les terrains légers, sablonneux, ou de consistance moyenne, et suffisamment frais.

On peut propager le Jujubier de graines, semées aussitôt après la maturité ; elles ne lèvent ordinairement que la seconde année, à moins qu'on n'ait semé sur couche et sous châssis ; ce dernier mode doit être préféré dans le nord.

Un procédé plus expéditif consiste à relever les rejetons ou drageons qui croissent en grand nombre autour de vieux pieds, et à les repiquer en pépinière. On peut encore multiplier cette essence par les boutures des racines.

Quand les sujets ont atteint la taille de 1 m. 50 à 2 mètres, on les plante à demeure.

Si l'on veut cultiver le Jujubier en pleine terre sous le climat de Paris, il faut le planter contre un mur exposé au midi, et le couvrir de paillassons pendant l'hiver. Avec ces précautions, il fleurit presque tous les ans et donne même quelques fruits, mais de médiocre qualité. D'ailleurs l'arbre n'y atteint jamais que de faibles dimensions.

Le jujubier, sous les climats qui lui conviennent, mérite d'être répandu dans les plantations d'agrément. Quelquefois, au lieu de le laisser monter en tige, on le taille en buissons.

X.—TÉRÉBINTHACÉES.

PISTACHIER   (*Pistacia*).

Le Pistachier sauvage ou Térébinthe (*P. Terebinthus*) est un arbre de 6 à 8 mètres, à rameaux nombreux et diffus, portant des feuilles imparipennées, à 7 ou 9 folioles ovales; ses petites fleurs, purpurines, en panicules, se montrent en juin et juillet. Un peu délicat pour le climat de Paris, cet arbre exige un terrain sec, graveleux et chaud, et une couverture de feuilles durant l'hiver. On le propage de graines semées sur couche et sans châssis, pour repiquer en pots.

SUMAC (*Rhus*)

Le Sumac semi-ailé ou d'Osbeck (*R. semi alata*) est un petit arbre ou un grand arbrisseau, à feuilles amples, composées de 5 ou 7 folioles ovales-acuminées, dentées en scie et tomenteuses. Il croît en Chine et au Japon. Il aime une exposition aérée et bien éclairée. Un sol sec, graveleux et chaud est celui qu'il préfère. On le propage de semis, si l'on tient à obtenir de beaux sujets. Mais, comme les bonnes graines sont assez rares, on le multiplie ordinairement par rejetons, par marcottes ou par bouture de racines.

XI. — LÉGUMINEUSES.

CYTISE (*Cytisus*).

Le Cytise aubour (*C. laburnum*), vulgairement *Faux Ébinier*, est un arbre qui peut atteindre 8 à 10 mètres de hauteur. Il porte des feuilles longuement pétiolées, à trois folioles ovales, vertes, et glabres en dessus, plus pâles et soyeuses en dessous. Ses fleurs, papilionacées, d'un beau jaune d'or, disposées en longues grappes pendantes, s'épanouissent en mai. Les fruits sont des gousses, d'abord velues-soyeuses, puis presque glabres (fig. 4.)

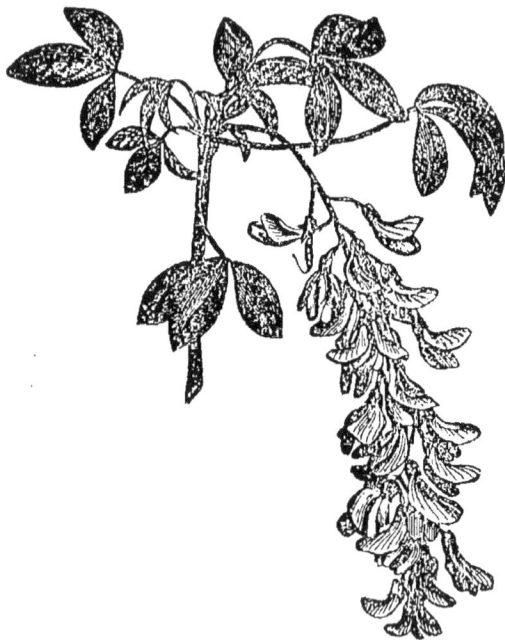

Fig. 4. Cytise aubour.

Cet arbre, qui croît spontanément dans les montagnes de l'Europe centrale, a produit d'assez nombreuses variétés : à rameaux pleureurs, — à feuilles arrondies, ou plus grandes, boursouflées, en capuchon, sinuées, sessiles, panachées de blanc, — à fleurs d'un jaune pâle ou plus tardives, ou se montrant de nouveau à l'automne.

L'une des plus remarquables est le Cytise d'Adam (*C. Adami*), qui porte, souvent sur le même rameau, des feuilles de deux formes différentes, et des fleurs, les unes jaunes, les autres pourpres, les autres lie de vin. C'est un hybride.

Le Cytise des Alpes (*C. Alpinus*), souvent confondu avec le précédent, s'en distingue par ses feuilles glabres ou à peine pubescentes, également vertes sur leurs deux faces, et ses fleurs plus petites, d'un jaune plus foncé, en grappes plus longues et plus grêles, et plus tardives. Il présente des variétés à rameaux pendants, à feuilles panachées, et à longues grappes.

Les Cytises sont rustiques et croissent dans les sols les plus ingrats. Ils préfèrent une exposition un peu ombragée. On les multiplie de graines, semées au printemps, en terre meuble; on les met en place l'année suivante, avec le pivot.

ROBINIER (*Robinia*).

Les Robiniers sont des arbres à feuilles imparipennées, très-élégantes, à fleurs en grappes axillaires, auxquelles succèdent des gousses oblongues et aplaties.

Le Robinier faux-acacia (*R. pseudo acacia*), appelé vulgairement mais à tort *Acacia*, est un arbre pouvant atteindre 20 à 25 mètres; ses rameaux sont munis de stipules épineuses, et portent des feuilles composées de 13 à 21 folioles ovales; ses fleurs, blanches, d'une odeur agréable, disposées en longues grappes pendantes, s'épanouissent en mai (fig. 5).

Originaire de la Caroline, cet arbre est aujourd'hui naturalisé en France et dans une grande partie de l'Europe. Il a produit un grand nombre de variétés : à rameaux dressés ou pendants, tortueux ou déformés, en boule (Robinier parasol), dépourvus d'épines; — à

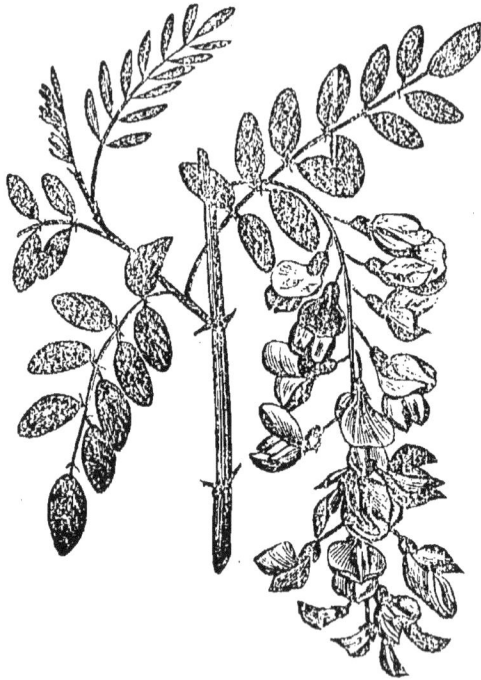

Fig. 5. Robinier faux-acacia.

folioles de formes très-variables, boursouflées, crispées, déchiquetées, recourbées en anneau, étroites, panachées de jaune ou de blanc; — à fleurs jaune paille, blanc rosé ou roses, plus ou moins odorantes; — à gousses plus longues et plus larges, etc.

Le Robinier visqueux (*R. viscosa*) est un arbre de 10 à

15 mètres, à rameaux épineux et visqueux, d'un rouge foncé, portant des feuilles composées de 15 à 21 folioles ovales, d'un vert foncé en dessus, glauques en dessous, et des fleurs rose-pâle, à calice d'un rose vif, en grappes serrées et pendantes, qui s'épanouissent en juin et quelquefois aussi à la fin de l'été.

Le Robinier douteux (*R. dubia*) est intermédiaire entre les deux espèces précédentes; peut-être même n'est-ce qu'un hybride de ces deux espèces Il croît aussi dans la Caroline.

Le Robinier faux acacia est un arbre rustique dans le centre et le midi de la France; mais dans le nord, il est sensible aux grands froids. En outre ses rameaux bifurqués et cassants donnent beaucoup de prise aux vents; on doit donc le placer à une exposition chaude et abritée contre les courants atmosphériques. Peu difficile sur le sol, il végète beaucoup mieux dans les terres légères, fraîches, substantielles et assez profondes; mais il craint l'excès d'humidité. Par ses racines traçantes, il convient pour maintenir les sols inclinés.

Le Robinier se propage de graines, semées de préférence au printemps, en place ou en pépinière, et recouvertes d'un centimètre de terre. On se trouvera bien d'abriter le semis contre le froid par un paillis. L'année suivante, on repique le plant en pépinière, et l'on supprime le pivot. A l'âge de trois ou quatre ans, on peut planter à demeure.

Cet arbre se multiplie encore très-facilement par boutures de rameaux ou de racines, par marcottes et par rejetons ou drageons. Les variétés se propagent le plus souvent par la greffe en fente sur le type commun.

Ces derniers modes s'appliquent aussi au Robinier visqueux, qui, donnant peu de graines fertiles, ne peut être que rarement propagé par semis.

Lorsqu'on voit la pousse terminale de ces arbres se bifurquer, on coupera à la moitié de sa longueur une des deux branches qui forment la fourche.

Les Robiniers ont un accroissement rapide et une belle végétation; ils conviennent pour former des massifs et des allées. Le Robinier parasol (*R. umbraculifera*) est à recommander sous ce rapport.

CARAGANA (*Caragana*).

Le Caragana arborescent (*C. arborescens*) est un petit arbre de 5 à 7 mètres, peu épineux, à feuilles composées de 5 à 7 paires de folioles ovales, velues dans le jeune âge; ses fleurs jaunes, groupées en petits bouquets, s'épanouissent en avril et mai. Cet arbre, originaire de la Sibérie, est très rustique, croît rapidement et n'est pas difficile sur la nature du sol. Il convient pour les massifs. On le propage de graines. Sa culture diffère à peine de celle des Robiniers.

SOPHORA (*Sophora*).

Le Sophora du Japon (*S. Japonica*) est un arbre de 20 à 25 mètres, à rameaux tortueux, formant une cime large et arrondie, et portant des feuilles composées de 7 à 13 folioles, ovales, glabres, d'un vert foncé et presque glauque. Les fleurs, d'un blanc jaunâtre, groupées en panicules terminales, se montrent en août. Le fruit est une gousse charnue et bosselée.

Cet arbre a produit deux variétés principales, l'une à rameaux pendants, l'autre à feuilles panachées.

Cet arbre n'est pas difficile sur la nature du sol ; il préfère néanmoins la terre franche. Il demande une bonne exposition et un abri contre le froid, surtout dans sa jeunesse. Il se multiplie de graines, de boutures et de marcottes ; en général, il supporte difficilement la transplantation. Mais, une fois fixé au sol, il pousse très-vigoureusement. On peut en faire de belles avenues.

La variété à rameaux pendants (*Sophora pleureur*) a un port très-pittoresque ; mais on doit la planter isolée.

VIRGILIER (*Virgilia*).

Le Virgilier jaune (*V. lutea*) est un arbre de 10 à 12 mètres, à feuilles imparipennées, à fleurs blanches, disposées en longues grappes pendantes, qui s'épanouissent en juin et juillet. Originaire des États-Unis, il est très-rustique et croît rapidement. Il demande une bonne terre franche, plutôt sèche qu'humide. On le propage surtout par semis. On peut aussi le multiplier, mais difficilement, par marcottes, ou bien encore le greffer sur le Sophora ; mais il n'y vit que peu d'années.

BONDUC (*Gymnocladus*).

Le Bonduc du Canada (*G. Canadensis*), vulgairement appelé *Chicot*, est un arbre de 15 à 20 mètres. à cime régulière et touffue, à feuilles imparipennées, très-longues, d'un beau vert ; ses fleurs blanches, disposées en grappes, paraissent en juin ; ses gousses sont grosses, larges, brunâtres, en forme de croissant.

Cet arbre est assez rustique ; il demande une terre franche, légère, substantielle et fraîche. On le propage de graines semées en planches et abritées pendant la première année. On le multiplie aussi par rejetons ou par boutures de racines.

GAINIER (*Cercis*).

Le Gaînier commun (*C. siliquastrum*) est un petit arbre de 6 à 8 mètres, à feuilles simples, grandes, arrondies ou cordiformes, glabres; les fleurs, qui sont d'un beau rose, naissent en petits bouquets sur le vieux bois et paraissent en avril ou mai, avant les feuilles. Les fruits sont des gousses brunes et très-minces.

Cet arbre est originaire de l'Europe australe, où il est connu sous le nom vulgaire d'*Arbre de Judée*. Il a produit plusieurs variétés à feuilles panachées de blanc, à fleurs blanches ou carnées, etc.

Le Gaînier du Canada (*C. Canadensis*) ressemble beaucoup au précédent; il en diffère par ses feuilles cordiformes et acuminées, quelquefois pubescentes en dessous, et par ses fleurs plus pales et un peu plus petites. On l'appelle aussi *Bouton rouge*.

Le Gaînier de Chine (*C. Sinensis*) est moins élevé; il a des feuilles cordiformes et pointues, et des fleurs sessiles, d'un rose vif strié de blanc. Le Gaînier du Japon (*C. Japonica*), qui n'est probablement qu'une variété de celui-ci, se reconnaît à ses feuilles cordiformes, arrondies, coriaces, et à ses fleurs d'un rose vif, à onglet dépassant le calice.

Les Gaîniers sont des arbres rustiques; ils s'accommodent à peu près de tous les sols; mais ils viennent mieux dans une terre légère, fraîche et substantielle. On les multiplie de graines semées en rayons; on couvre les jeunes plants pendant les gelées, et on les repique au printemps suivant. Quand ils ont environ deux mètres de hauteur, on les plante à demeure, autant que possible à l'automne. Ces arbres supportent bien la taille et conservent bien leurs feuilles. On peut les former en tige, en buisson ou en palissade.

FÉVIER (*Gleditschia*).

Les Féviers sont des arbres de taille moyenne, généralement épineux, à feuilles pennées ou bipennées, d'une rare élégance. Leurs fleurs sont disposées en grappes axillaires. Le fruit est une gousse longue, large, aplatie, brunâtre, pulpeuse à l'intérieur.

Ces arbres, originaires des régions tempérées de l'hémisphère nord, supportent en général la pleine terre sous le climat de Paris, et méritent d'être répandus dans les parcs.

Le Févier à trois épines (*G. triacanthos*) (fig. 6) est un arbre de 10 à 15 mètres de hauteur, armé de fortes épines, à feuilles paripennées, à folioles linéaires oblongues, d'un beau vert. Il présente des variétés à rameaux pendants, à rameaux épineux et à folioles plus larges.

Le Févier monosperme (*G. monosperma*) atteint la taille du précédent, mais il est moins épineux.

Le Févier féroce (*G. ferox*) ne dépasse guère 6 à 7 mètres; il est caractérisé, comme son nom l'indique, par des épines longues, très-nombreuses et comprimées.

Ces trois espèces sont originaires de l'Amérique du Nord, et particulièrement de la Caroline.

Le Févier hérissé (*G. Sinensis*) atteint la taille de 15

mètres ; ses rameaux sont garnis de fortes et nom-

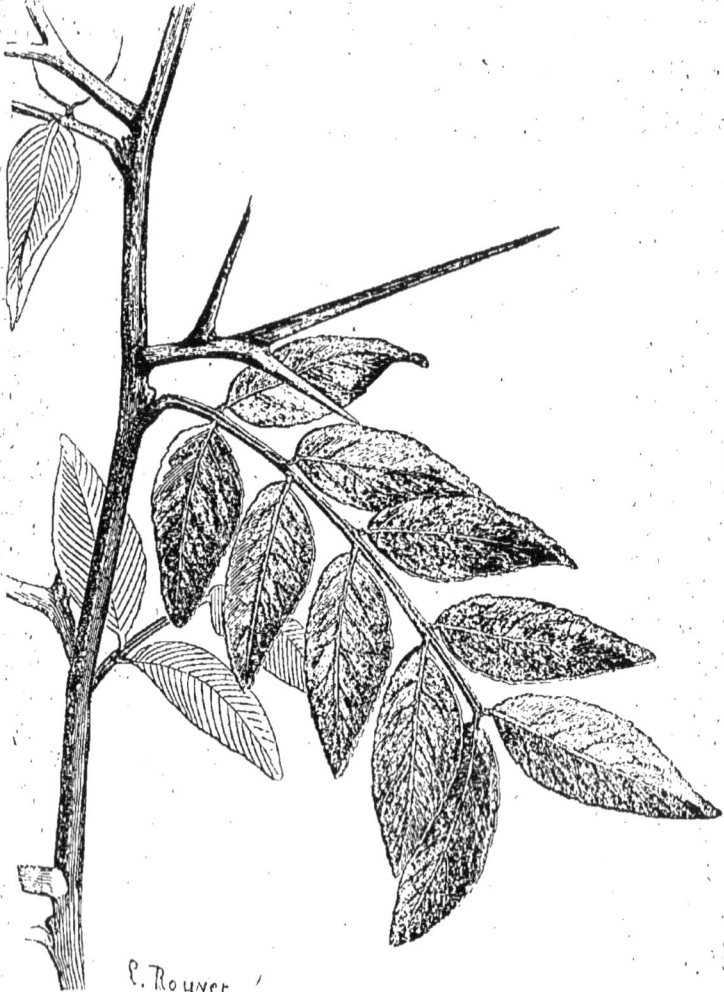

C. Rouyer

Fig. 6. Févier à trois épines.

breuses épines rameuses, et portent des feuilles bipennées, à folioles ovales et obtuses, au nombre de 6 ou 7 paires.

Le Févier à grosses épines (*G. macracantha*) présente aussi le caractère que son nom rappelle; il a des feuilles pennées ou bipennées, a folioles lancéolées et raides.

Ces deux espèces sont originaires de la Chine.

Le Févier de la Caspienne (*G. Caspica*) est un arbre de 6 à 7 mètres, a épines grêles et comprimées, et à feuilles pennées ou bipennées, à folioles ovales-obtuses.

Les Féviers sont généralement rustiques; mais dans le nord de la France il leur faut une exposition abritée. Ils s'accommodent assez bien de tout terrain sablonneux, mais point trop aride. Ils préfèrent néanmoins les sols légers, substantiels et profonds, plutôt secs qu'humides.

On les propage de graines semées au printemps.

Les jeunes plants sont repiqués en pépinière, et vers l'âge de quatre à cinq ans on peut les planter à demeure.

Les Féviers se multiplient encore par boutures de racines, par rejetons ou par drageons. Le Févier commun sert aussi de sujet pour recevoir la greffe des autres espèces.

Ces arbres ont un port pittoresque; ils font également bien isolés, en massifs ou en avenues. On doit les laisser croître naturellement et ne pas les élaguer; d'ailleurs les fortes épines dont ils sont armés rendraient cette opération dangereuse. On se contentera d'enlever le bois mort.

ACACIA (*Acacia*).

L'Acacia Julibrissin (*A. Julibrizin*), vulgairement

Arbre de soie, est un arbre de 10 mètres, à cime large et rameuse, à feuilles grandes, bipennées, très-élégantes. Ses fleurs, blanc rosé, soyeuses, réunies en aigrettes paniculées, paraissent vers la fin de l'été. Originaire de l'Orient, il croît assez bien dans le midi et l'ouest de la France, mais supporte mal la pleine terre sous le climat de Paris. Il demande une terre légère, et se propage de graines semées sur couche et sous châssis, au commencement du printemps.

XII. ROSACÉES. — AMYGDALÉES.

AMANDIER (*Amygdalus*).

L'Amandier commun (*A. communis*) est un arbre de 8 à 10 mètres, à rameaux grêles, à feuilles oblongues lancéolées, luisantes, et à fleurs blanc rosé, paraissant à la fin de l'hiver, avant les feuilles. Il présente des variétés à bois jaspé, à rameaux pendants, à feuilles panachées, à fleurs doubles, blanches ou roses. Originaire de l'Orient et cultivé surtout comme arbre fruitier, il mérite de trouver place dans les plantations d'agrément.

PÊCHER (*Persica*).

Le Pêcher commun (*P. vulgaris*) est un arbre de 6 à 8 mètres, à feuilles lancéolées et dentelées, à fleurs roses paraissant vers la fin de l'hiver, avant les feuilles. Originaire de l'Asie, il présente plusieurs variétés ornementales de petite taille, et que pour ce motif nous renvoyons au volume des *Arbrisseaux et Arbustes*. Il mérite une place dans les plantations d'agrément. Mais, sous les climats du nord, il lui faut une exposi-

Fig. 7. Pêcher commun.

tion chaude et abritée contre les vents froids. Palissé contre un mur, il produit beaucoup d'effet par ses fleurs (fig. 7).

ABRICOTIER (*Armeniaca*)

L'Abricotier commun (*A vulgaris*) est un arbre de 6 à 8 mètres, à cime arrondie, à feuilles ovales, cordiformes à la base, et d'un vert foncé, à fleurs doubles, paraissant en mars. Il présente des variétés à bois jaspé ou doré, à rameaux pendants, à feuilles laciniées ou panachées, à fleurs doubles, etc. Il n'est pas répandu autant qu'il devrait l'être dans les plantations d'ornement. Il demande une exposition chaude et abritée et un terrain qui ne soit pas trop humide.

PRUNIER (*Prunus*).

Le Prunier cultivé (*P. domestica*) est un arbre de 6 à 8 mètres, à feuilles ovales-lancéolées, pubescentes en dessous, à fleurs blanches, paraissant en mars et avril. Il présente quelques variétés ornementales, à rameaux dressés ou pendants, à feuilles panachées de jaune ou de blanc, ou soyeuses et blanchâtres, à fleurs doubles, etc. Cet arbre est surtout cultivé pour ses fruits; mais, comme tous ses congénères, il figure bien dans les jardins d'agrément. On doit le tailler après sa floraison et le rabattre souvent, pour avoir de jeunes pousses.

CERISIER (*Cerasus*).

Le Cerisier des bois (*C. avium*), vulgairement *Merisier*, est un arbre de 12 à 15 mètres, à écorce lisse, gris brunâtre, se détachant souvent par lames transversales, à feuilles ovales oblongues, acuminées, dentées, d'un vert clair, légèrement pubescentes en dessous. Ses fleurs blanches, longuement pédonculées, paraissent en avril. Ses fruits, petits, d'abord rouges, puis noirs, ont une saveur douce. Il présente des variétés à rameaux pendants, à feuilles lancéolées, à fleurs doubles, à fruits rouges.

Le Cerisier cultivé (*C. vulgaris*), diffère du précédent par sa taille plus petite, ses rameaux grêles et pendants, ses feuilles glabres et ses fruits plus gros et acidulés. Il a des variétés à feuilles laciniées ou panachées de blanc ou de jaune, à fleurs doubles ou semi-doubles, à fruits groupés en bouquets.

Ces deux espèces sont indigènes en Europe.

Le Cerisier à feuilles de tabac (*C. decumana*) se fait remarquer par ses feuilles très-grandes, un peu gaufrées, tombantes, et par ses fruits d'un rouge clair.

Le Cerisier à feuilles de pêcher (*C. persicæfolia*) est un grand arbre à feuilles longues et lancéolées; à fleurs petites, blanches et en bouquets, paraissant en mai, et à fruits d'un beau rouge. Il est originaire de la Pensylvanie.

Nous rappellerons, pour mémoire, les Cerisiers de Ste Lucie (*C. mahaleb*), à grappes (*C. padus*) et de Virginie (*C. Virginiana*), décrits dans le volume des *Arbrisseaux*.

Tous ces Cerisiers sont des arbres rustiques, peu difficiles sur la nature du sol, et ne craignant que l'excès d'humidité.

On les multiplie facilement de semis, de boutures et de marcottes. Les variétés à feuilles panachées ou à fleurs doubles, ainsi que les espèces exotiques ou rares, peuvent se propager par la greffe en fente ou en couronne sur le Merisier commun.

3.

Ces essences ornementales se recommandent à plus d'un titre et figurent très-bien isolées ou en massifs. Leur port est élégant; leur beau feuillage se pare, à l'automne, de teintes rouge vif; leurs fleurs, surtout les doubles, sont fort gracieuses, et leurs fruits mêmes produisent beaucoup d'effet.

ROSACÉES. — POMACÉES.

POMMIER (*Malus*).

Le Pommier commun (*M. communis*) est un arbre de 8 à 10 mètres, à feuilles ovales-oblongues, acuminées, dentées, glabres, et à fleurs blanc rosé, s'épanouissant au printemps. Il présente une forme naturellement régulière et arrondie, et produit un très-bel effet quand il est couvert de feuilles et de fleurs. Dans les variétés acerbes, dites *Pommiers à cidre*, les fleurs ont en dehors une teinte purpurine.

Le Pommier hybride ou d'Astracan (*M. hybrida*) ressemble au précédent; mais il s'en distingue par ses fruits d'un rouge vif, couverts d'une efflorescence glauque. Il présente une variété à rameaux pendants et à fruits blancs, et une autre à fleurs rose pâle et à fruits jaunes.

Les Pommiers méritent une place dans les plantations d'ornement; ils se recommandent par la beauté de leur feuillage, de leurs fleurs et de leurs fruits. Ils réussissent dans une bonne terre franche; on les propage de semis et de greffes.

Poirier (*Pyrus*).

Le Poirier commun (*P. communis*) est un arbre de 8 à 10 mètres, à rameaux épineux, à feuilles ovales, dentées, coriaces, d'un vert foncé, surtout en dessus, et à fleurs blanches, assez grandes, en corymbes, paraissant en avril et mai. Cette espèce est indigène, et présente de nombreuses variétés.

Le Poirier de la Chine (*P. Sinensis*) ressemble beaucoup au précédent, dont il ne diffère que par ses feuilles plus grandes, tombant seulement aux premiers froids, et par ses fleurs très-larges, d'un effet agréable.

Nous citerons encore les Poiriers à feuilles de sauge (*P. salvifolia*), du Sinaï (*P. Sinaïca*), cotonneux *(P. Polveria)*, à feuilles de saule *(P. salicifolia)* et sa variété à rameaux pendants, etc.

Les Poiriers sont peu cultivés comme arbres d'ornement. Toutefois ils se recommandent par leur rusticité et par l'élégance de leur feuillage et de leurs fleurs blanches. On les cultive, comme les Pommiers, en bonne terre franche, et on les propage de graines, de rejetons ou de greffes.

Coignassier (*Cydonia*).

Le Coignassier commun *(C. vulgaris)* est un petit arbre de 6 à 7 mètres, à feuilles ovales, entières, cotonneuses en dessous, à grandes fleurs blanches solitaires, à fruit globuleux, très-gros, jaune d'or, couvert d'un épais duvet blanchâtre. Il présente des variétés dans la forme des feuilles. Originaire du midi de l'Europe, il croît en pleine terre jusque dans le nord de la France.

Peu cultivé dans les jardins d'agrément, il mérite néanmoins de figurer dans les bosquets.

SORBIER (*Sorbus*).

Le Sorbier cultivé ou Cormier (*S. domestica*) (Fig. 8) est un arbre de 12 à 15 mètres, à feuilles imparipen-

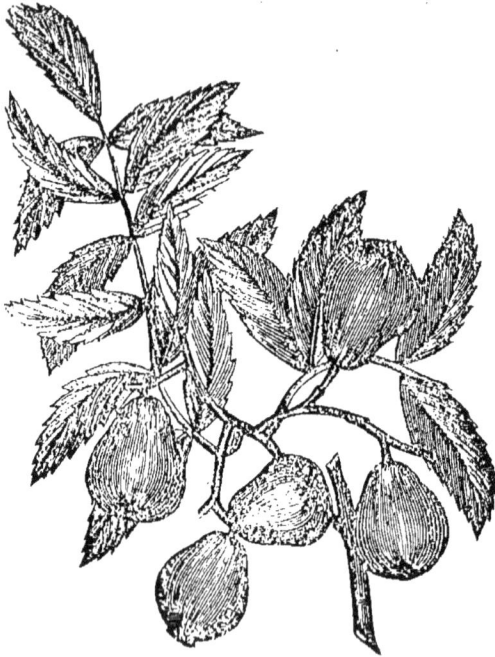

Fig. 8. Sorbier cultivé.

nées, à folioles dentelées, velues en dessous ; à fleurs blanches, disposées en corymbes ; à fruits pyriformes, jaune rougeâtre. Originaire du midi de l'Europe, cet arbre peut croître en pleine terre dans le nord de la France. Il présente une variété à feuilles panachées de jaune. Il demande une exposition abritée et ombragée, et préfère les terres fortes, calcaires, substantielles et profondes. On peut en faire de belles avenues.

On le propage de graines, semées à l'automne, ou bien au printemps, après avoir été stratifiées durant l'hiver, et de préférence à l'exposition de l'est. Le semis doit être, du moins dans le nord, abrité dans les premiers temps.

On peut aussi le multiplier par la greffe en fente, rez terre ou sur racines, sur l'aubépine ou le poirier; mais les sujets obtenus ainsi sont moins beaux et durent moins longtemps.

Autant que possible, il est bon de le semer en place, ou du moins de le transplanter à demeure quand il est fort jeune; plus tard, la reprise est moins assurée.

Comme le Cormier croît dans les sols les plus arides, même dans les fissures où il trouve à peine un peu de terre végétale, on peut le faire servir à orner les rocailles.

Le Sorbier des oiseleurs (*S. aucuparia*), vulgairement *Cochène* ou *Arbre à grives*, est un arbre de 10 à 12 mètres, à feuilles imparipennées, à folioles dentées, glabres; à fleurs blanches, en corymbes rameux, et à fruits petits, d'un rouge vif, persistant fort avant dans l'hiver. Il croît dans les régions montueuses de l'Europe, et a produit des variétés à rameaux pendants, à fruits jaunes, etc.

Cet arbre est des plus rustiques, et résiste aux plus grands froids; il préfère néanmoins les climats tempérés. L'exposition lui est indifférente. Peu exigeant pour le sol, il croît souvent dans les fentes des rochers et des vieux murs; toutefois il devient plus beau dans les terres légères, meubles et riches en humus. Il ne craint guère que l'excès d'humidité.

Cette rusticité, jointe à la beauté de son feuillage et de ses fruits, fait rechercher le Sorbier des oiseleurs dans les plantations d'agrément. Il produit toujours un très-bel effet, qu'il soit isolé, en avenues ou en massifs.

On le propage très-facilement de graines, semées aussitôt après leur maturité, en pépinière, dans des rigoles remplies d'une terre franche, substantielle. On a soin de faire le semis assez clair, de le recouvrir seulement d'un centimètre de bonne terre meuble, et de répandre sur le tout une couche de paille ou de feuilles sèches. Si le semis est légèrement arrosé, il lèvera au printemps suivant.

Pour opérer en grand la multiplication de cette essence, D'Ourches indique le procédé suivant, qui est aussi expéditif qu'économique :

« Lorsque les baies sont bien mûres, on les écrase et l'on fait une lessive, afin de pouvoir séparer le suc des graines en les passant. On fait sécher le marc, qu'on sème en novembre, dans des planches de bonne terre bien préparées ; on recouvre les semences d'environ un centimètre d'un mélange de terre, de sable fin et de terreau. Si le printemps est humide, les jeunes plantes sortiront en foule dès les premiers jours d'avril ; s'il est sec, il faut arroser de temps en temps ; le second automne, on arrachera les jeunes arbres, pour les mettre en pépinière. »

Les sujets destinés à former des massifs peuvent être plantés à demeure dès la quatrième année ; mais, pour les avenues, il vaut mieux attendre la huitième année.

On multiplie encore cette espèce de boutures, de drageons et de marcottes. En général, les pépiniéristes la propagent par la greffe, en fente ou en écusson, sur

aubépine ou sur cormier, et à défaut, sur alisier, néflier ou poirier.

Le Sorbier de Laponie (*S. hybrida*) est un arbre de
10 à 12 mètres, à feuilles pennatifides ou pennatiséquées, à fleurs blanches et à fruits rouges, en petits
corymbes.

Cet arbre, qu'on regarde comme un hybride du Sorbier des oiseleurs et de l'Alisier blanc, croît dans les
régions montagneuses et boisées du centre et du nord
de l'Europe. On le cultive fréquemment dans les parcs;
il ressemble assez au Sorbier des oiseleurs, mais il est
moins beau.

Nous citerons encore les Sorbiers à feuille de sureau
(*S. sambucifolia*), d'Amérique (*S. Americana*) et à petits
fruits (*S. microcarpa*). Ces dernières espèces se cultivent comme le Sorbier des oiseleurs.

ALISIER (*Sorbus*)

Les Alisiers forment, suivant les divers auteurs,
ou un genre à part, ou une simple section du genre
Sorbier.

L'Alisier blanc (*S. Aria*), vulgairement *Allier* ou *Al-
louchier*, est un arbre d'environ 10 mètres, à tige
droite, à feuilles ovales-allongées, entières, finement
dentées, cotonneuses en dessous, à fleurs blanches, en
corymbe et à fruits d'un beau rouge. Cet arbre, qui
croît dans les bois de l'Europe centrale, a produit plusieurs variétés, à feuilles arrondies, étroites, lancéolées, et à fruits d'un beau jaune.

L'Alisier des bois (*S. torminalis*), vulgairement *Aigre-
lier*, diffère du précédent par sa taille un peu plus
élevée; ses feuilles lobées, à lobes doublement dentées,

pubescentes seulement dans le jeune âge et glabres à l'état adulte, et ses fleurs en corymbes rameux. Il croît dans les bois montagneux.

L'Alisier à larges feuilles (*S. latifolia*), vulgairement *Alisier de Fontainebleau*, est, sous tous les rapports, intermédiaire entre les deux espèces précédentes. Ses feuilles, profondément découpées, plus ou moins larges

Fig. 9. Alisier à larges feuilles.

suivant les variétés, sont pubescentes et comme cotonneuses en dessous (fig. 9).

L'Alisier du Népaul (*S. Nepalensis*) est un arbre de 6 à 8 mètres, à grandes feuilles ovales-oblongues, d'un vert foncé en dessus, blanches et cotonneuses en dessous, et à fleurs blanches en corymbe. Il supporte assez bien le climat de Paris.

Les Alisiers sont généralement rustiques, et produisent un bel effet par leur feuillage et leur port élégant. Ils croissent dans les sols les plus variés, et à toutes les expositions; ils préfèrent toutefois les sols calcaires et riches en humus. On les cultive comme le Sorbier des oiseleurs.

Fig. 10. Azerolier.

AUBÉPINE (*Cratægus*).

L'Aubépine commune ou l'Épine blanche (*C. oxyacantha*) se présente quelquefois sous la forme d'un petit arbre de 5 à 6 mètres; mais le plus souvent elle reste à l'état d'arbrisseau buissonneux (Voyez *Arbrisseaux et Arbustes*).

L'Azerolier (*C. azarolus*) (fig. 10.) est un arbre de 10

à 12 mètres, à feuilles obovales cunéiformes, entières à la base, lobées au sommet, fermes, pubescentes, d'un vert grisâtre. Ses fleurs sont blanches, et ses fruits rouges ou jaunâtres.

Originaire du midi de l'Europe, l'Azerolier peut croître en plein air dans le nord de la France. Il végète dans tous les sols, mais mieux dans les terrains calcaires ou siliceux. Les argiles compactes lui sont contraires.

On le multiplie de semences, comme l'Aubépine, ou bien par la greffe sur cette dernière essence, quelquefois aussi sur Coignassier ou Poirier. Sa croissance est lente. On peut le tailler en gobelet ou en pyramide; mais, dans les jardins d'agrément, il vaut mieux lui laisser sa forme naturelle.

Nous citerons encore les Aubépines elliptique (*C. elliptica*), tomenteuse (*C. tomentosa*), à feuilles de prunier (*C. prunifolia*), écarlate (*C. coccinea*), à feuilles cordées (*C. cordata*), à feuilles incisées (*C. fissa*), hétérophylle (*C. heterophylla*), de l'Amérique du Nord; et l'Aubépine d'olivier (*C. Oliveriana*), de l'Asie-Mineure

Toutes ces espèces forment de petits arbres, de 6 à 7 mètres, à joli feuillage, à fleurs blanches et à fruits rouges. Elles méritent d'être répandues dans les massifs.

NÉFLIER (*Mespilus*).

Le Néflier commun (*M. Germanica*) est un petit arbre de 5 à 6 mètres, souvent réduit à l'état d'arbrisseau buissonneux; ses rameaux, formant une cime large, arrondie, diffuse, peu élevée, portent de grandes feuilles ovales-oblongues, presque glabres en dessus, d'un vert plus pâle et cotonneuses en dessous. Ses grandes fleurs, blanches ou blanc rosé, paraissent en mai. Le fruit est brun-rougeâtre, globuleux ou déprimé au sommet, et couronné par les divisions persistantes du calice.

Le Néflier croît dans les bois de l'Europe centrale. Il présente quelques variétés dans la dimension des feuilles, le volume et la forme du fruit.

Rarement cultivé dans les jardins, il mérite d'y figurer, à cause de son port tout particulier; mais on doit toujours le planter isolé. Il aime les terrains gras et frais. On le multiplie de graines stratifiées en hiver et mises en terre au printemps, de marcottes, de jeunes plants recueillis dans les bois, de greffe sur Aubépine ou Coignassier.

XIV. — MYRTACÉES.

EUCALYPTE (*Eucalyptus*).

L'Eucalypte globuleux (*E. globulus*) (fig. 11) est un arbre gigantesque; il dépasse cent mètres dans son pays natal. Ses feuilles, d'abord larges, opposées, cordiformes, acuminées, embrassantes, glauques, couvertes d'une efflorescence bleuâtre, sont plus tard alternes, longuement pétiolées, obliques, courbées en forme de faux. Ses fleurs blanches sont réunies en faisceaux à l'aisselle des feuilles, où elles forment comme des aigrettes. On a obtenu une variété à fleurs violacées.

Cet Eucalypte, comme ses nombreux congénères, est originaire de l'Australie. Il peut croître en pleine terre dans le midi et l'ouest de la France. Dans le nord, où il joue un grand rôle pour l'ornement des jardins, on

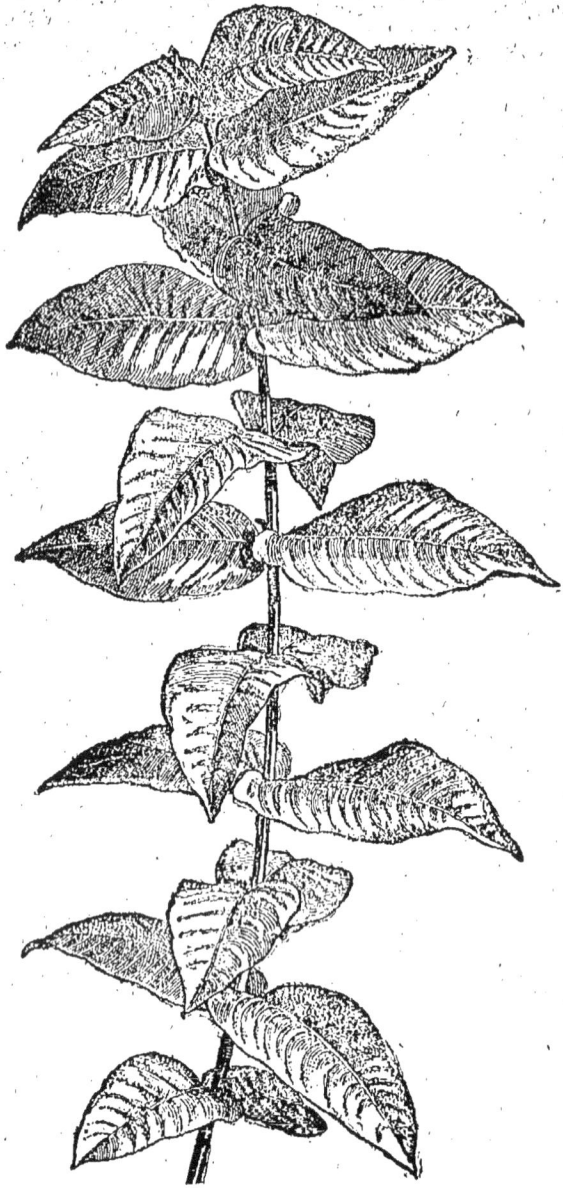

Fig. 11. Eucalypte globuleux.

le rentre, à l'hiver, en serre froide. Tous les terrains lui sont bons. On le multiplie de graines, semées en terre de bruyère, soit en février, soit au commencement de l'automne. On repique les jeunes plants dans une terre plus substantielle. Les Eucalyptes ont une

Fig. 12. Cornouiller mâle.

croissance très-rapide dans leurs premières années, et ils fleurissent de très-bonne heure.

XV. — CORNÉES.

CORNOUILLER (*Cornus*).

Le Cornouiller mâle (*C. mas*) (Fig. 12) est un petit arbre

qui peut atteindre jusqu'à 8 mètres; ses feuilles sont opposées, ovales, aiguës, entières; ses petites fleurs jaunes paraissent en mars, avant les feuilles; ses fruits sont d'un beau rouge. Il présente des variétés à feuilles ponctuées ou panachées de jaune ou de blanc.

Le Cornouiller mâle se trouve dans les bois de presque toute l'Europe; on le cultive rarement dans les jardins. Il peut néanmoins figurer dans les parcs, à cause de la précocité de ses fleurs et de la beauté de ses fruits.

On le multiplie de graines ou noyaux, qui, semés à l'automne, aussitôt après la maturité, germent au printemps suivant. Les jeunes plants, repiqués dans la troisième année, peuvent être mis en place dès la quatrième.

On peut encore utiliser les rejetons que cette espèce produit en abondance, et qu'on relève à l'automne pour les repiquer et les mettre en place deux ans après.

Enfin, le Cornouiller se propage de marcottes et de boutures faites avec le bois de deux ans et repiquées.

XVI. — CAPRIFOLIACÉES.

Sureau (*Sambucus*).

Le Sureau commun (*S. nigra*) (Fig. 13) et le Sureau à grappes (*S. racemosa*), cultivés surtout comme arbrisseaux, affectent quelquefois une forme arborescente. Il en est de même du Sureau pubescent (*S. pubescens*). Ce dernier peut atteindre la taille de 5 à 6 mètres; il porte des feuilles pennatiséquées, à segments ovaleslancéolés, pubescents en dessous; des fleurs blanc-verdâtre, en panicule, et des fruits rouges. Il est originaire de l'Amérique du Nord (*V. Arbrisseaux* et *Arbustes*).

Fig. 13. Sureau commun.

XVII. — ÉRICINÉES.

ANDROMÈDE (*Andromeda*).

L'Andromède en arbre (*A. arborea*) atteint la taille de 10 à 15 mètres; ses feuilles sont ovales ou oblongues, acuminées, d'abord velues, puis glabres, souvent

tachées de rouge, persistantes. Ses petites fleurs blanches forment des panicules terminales, rameuses,
d'abord étalées, puis penchées ; elles paraissent en été.

Cette belle espèce croît dans l'Amérique du Nord, et
plus particulièrement dans la Caroline, où elle porte
le nom vulgaire d'*Arbre à l'oseille*.

L'Andromède en arbre est assez rustique et d'une
culture facile. Toutefois elle craint le grand air et le
soleil. On la placera donc à une exposition abritée et
demi-ombragée. Elle aime les sols légers et frais ; la
terre de bruyère lui convient parfaitement, comme à
ses congénères.

On la propage de graines, semées aussitôt après la
maturité, et à peine recouvertes. Le semis doit être
abrité par une couche de mousse, ou par des châssis.
Les jeunes plants sont délicats et demandent beaucoup
de soins. Vers l'âge de quatre à cinq ans, on peut les
planter à demeure.

XVIII. — DIOSPYRÉES.

PLAQUEMINIER (*Diospyros*).

Le Plaqueminier lotus (*D. lotus*) est un arbre de 8
à 10 mètres, à feuilles lancéolées, glabres en dessus,
pubescentes en dessous, ondulées sur les bords; à fleurs
axillaires, jaune verdâtre, paraissant en juin et juillet.
Le fruit est une baie noirâtre, du volume d'une cerise.
Originaire de l'Orient et du nord de l'Afrique, cette
espèce est aujourd'hui naturalisée dans toute l'Europe
méridionale.

Le Plaqueminier de Virginie (*D. Virginiana*) atteint

la taille de 12 à 15 mètres ; ses feuilles grandes, ovales, lancéolées, rappellent assez celles du poirier ; en juin et juillet, il porte des fleurs verdâtres ; son fruit est globuleux, assez gros, d'un jaune orangé. Cette espèce croît aux États-Unis.

Le Plaqueminier kaki (*D. kaki*) se distingue par ses feuilles ovales, pointues aux deux extrémités, ses fleurs blanches, et ses fruits d'un rouge cerise. Il est originaire du Japon.

Citons encore les Plaqueminiers luisant (*D. lucida*), pubescent (*D pubescens*), à feuilles étroites (*D. angusti-folia*), etc.

Les Plaqueminiers sont rustiques, et supportent bien le climat de Paris. La terre franche, légère, chaude, ni trop sèche, ni trop humide, leur convient : ils végètent fort bien aussi dans la terre de bruyère pure ou mélan-gée. On les multiplie de graines semées en terrine sur couche tiède. Le Plaqueminier de Virginie est encore plus rustique, et préfère l'exposition du nord. Le Kaki, au contraire, est plus délicat, et, dans le nord de la France, il lui faut un abri en hiver. Ces derniers peuvent se propager par la greffe en approche ou en fente sur le Lotus.

XIX. — STYRACÉES.

ALIBOUFIER (*Styrax*).

Les Aliboufiers, rangés ordinairement parmi les ar-brisseaux, peuvent aussi être considérés comme de petits arbres. Cette observation s'applique surtout à l'Aliboufier d'Amérique (*S. Americana*), dont la taille

4

peut atteindre 5 à 6 mètres, et qui porte d'assez grandes feuilles ovales, velues surtout en dessous, et des fleurs blanches en grappes pendantes, très-odorantes. L'Aliboufier lisse (*S. lævigatum*) en diffère surtout par ses feuilles glabres, oblongues-lancéolées.

Ces deux arbres, originaires des régions tempérées de l'Amérique du Nord, sont surtout répandus dans la Caroline. Ils viennent bien dans le midi et l'ouest de la France, mais sont un peu délicats et demandent quelque abri sous le climat de Paris.

Les Aliboufiers aiment les sols légers et humides. On les multiplie de graines, semées au printemps sur couche tiède, et abritées en été contre le soleil, en hiver contre les gelées. On peut aussi les propager de marcottes. On ne doit les mettre en place que lorsqu'ils sont assez forts.

XX. — OLÉINÉES

OLIVIER (*Olea*).

L'Olivier commun ou d'Europe (*O. Europæa*) est un arbre de 10 à 12 mètres, à feuilles oblongues ou lancéolées, opposées, d'un vert foncé en dessus, grisâtres et poudreuses en dessous, persistantes. Ses fleurs sont verdâtres et de peu d'effet ; ses fruits sont ovoïdes, charnus, pendants, noirâtres à la maturité.

Originaire de la région méditerranéenne, l'Olivier peut croître en pleine terre dans le centre et l'ouest de la France, et jusque sous le climat de Paris.

Dans le nord surtout, il lui faut une exposition abritée et chaude, bien éclairée, et une terre substantielle. Il redoute l'excès d'humidité. On le trouve rarement dans les jardins, car c'est un arbre plutôt curieux qu'ornemental. Il n'est pas tout à fait dépourvu d'agrément ; mais il se recommande surtout par les souvenirs qui s'y rattachent. Cultivé de temps immémorial, il a produit un grand nombre de variétés dans le volume et la forme du fruit.

L'Olivier se propage facilement de semis, de bouture, de marcotte, de greffes ou de rejetons enracinés.

Frêne (*Fraxinus*).

Les Frênes sont des arbres plus ou moins élevés, à feuilles imparipennées, à fleurs polygames, verdâtres ou jaunâtres, ordinairement dépourvues de calice et de corolle, mais munies de bractées. Le fruit est une samare membraneuse, oblongue, comprimée.

Ce genre renferme un assez grand nombre d'espèces, répandues surtout dans les régions tempérées de l'hémisphère nord. Toutes, ou presque toutes, peuvent croître en pleine terre sous nos climats. Nous les diviserons en deux groupes.

I. — Frênes de l'ancien continent.

Le Frêne élevé ou commun (*F. excelsior*) (Fig. 14) est un arbre de 20 à 25 mètres ; à rameaux longs et écartés, à feuilles imparipennées, glabres et vertes en dessus, plus pâles en dessous ; ses fleurs, d'un jaune verdâtre, paraissent avant les feuilles.

Cet arbre croît dans les forêts de l'Europe ; il se trouve dans tous les sols, mais il végète mieux dans les terrains frais. Il est rustique et de grande taille, mais peu ornemental ; aussi ne le cultive-t-on que dans les grands parcs.

Fig. 14. Frêne élevé.

Le Frêne présente de nombreuses variétés : à écorce grise, jaune d'or, rougeâtre, jaspée ou verruqueuse ; à rameaux dressés, horizontaux ou pendants ; à feuilles panachées de blanc ou de jaune, ou d'un vert noirâtre, crispées ou irrégulièrement dentées. Dans la variété dite *monophylle*, les feuilles sont réduites à la foliole terminale.

Le Frêne à feuilles de lentisque (*F. lentiscifolia*) est un arbre de 10 à 12 mètres, à feuilles composées de neuf à treize folioles très-petites, lancéolées, à dents aiguës. Il est originaire de l'Orient, et présente une variété à rameaux pleureurs.

Le Frêne à feuilles aiguës (*F. oxyphylla*) atteint au plus 8 à 10 mètres ; ses feuilles sont composées de sept ou neuf folioles sessiles, lancéolées, acuminées, dentelées. Il croît aussi en Orient.

Citons aussi le Frêne de la Chine (*F. Sinensis*).

Le Frêne à fleurs (*F. ornus*) est un arbre de 8 à 10 mètres, à cime touffue, portant des feuilles composées de sept à neuf folioles lancéolées, entières à la base, dentées au sommet. Ses fleurs blanches sont disposées en panicules serrées. Il est originaire du midi de l'Europe et a produit des variétés à écorce jaune, à feuilles larges ou ponctuées de blanc, etc.

Le Frêne à feuilles rondes (*F. rotundifolia*), vulgairement *Frêne à la manne*, diffère du précédent par sa taille un peu moins élevée, ses feuilles composées de cinq ou sept folioles, ovales ou arrondies, glabres, et ses fleurs rougeâtres, paraissant en avril. Il croît en Calabre et en Orient.

Le Frêne du Népaul (*F. floribunda*) est un arbre de 10 à 12 mètres, à feuilles composées de cinq ou sept folioles glabres, ovales, allongées, très-aiguës, dentées.

4.

Ses fleurs blanches sont groupées en panicules terminales, très-fournies. Cette espèce est un peu moins
rustique que les précédentes.

II. — FRÊNES DU NOUVEAU CONTINENT.

Le Frêne blanc ou d'Amérique (*F. Americana*) est un
arbre de 20 à 25 mètres ; à feuilles composées de sept
ou neuf folioles pétiolées, ovales, acuminées, entières,
glauques en dessous.

Le Frêne du Canada (*F. Canadensis*) atteint 10 à 12 mètres ; ses feuilles sont composées de sept ou neuf folioles, ovales, lancéolées, un peu dentées, glabres en
dessus, pubescentes en dessous.

Le Frêne de la Caroline (*F. Caroliniana*) a des rameaux grisâtres et des feuilles à cinq ou sept folioles
ovales, dentées, glabres.

Le Frêne vert ou à feuilles de noyer (*F. juglandifo-
lia*) est un arbre de 10 à 12 mètres, à rameaux glabres,
à feuilles composées de neuf folioles très-grandes,
ovales, dentées, épaisses, d'un beau vert brillant sur
les jeunes pousses, plus tard un peu glauques, pubescentes aux aisselles des nervures.

Le Frêne noir ou à feuilles de sureau (*F. nigra*) est
un arbre d'environ 20 mètres, à rameaux noirâtres, à
feuilles grandes, composées de sept ou neuf folioles
sessiles, dentées, ovales, atténuées aux deux extrémités, d'un vert très-foncé, glabres en dessus, un peu
pubescentes en dessous (Fig. 15).

Le Frêne ridé (*F. pannosa*) atteint 8 à 10 mètres ; ses
feuilles sont à trois folioles ovales, dentées, atténuées
aux deux extrémités, glabres en dessus, velues en
dessous.

Le Frêne pubescent (*F. tomentosa*) est un arbre de 6 à 7 mètres, à rameaux velus, à feuilles composées de sept ou neuf folioles ovales-lancéolées, acuminées, un peu dentées, velues à la face inférieure et sur le pétiole.

Cette espèce présente quelques variétés à feuilles

[Fig. 15. Frêne noir.

plus ou moins larges ou longues, ou presque glabres.

Le Frêne à large fruit (*F. platycarpa*) atteint 10 à 12 mètres ; ses feuilles sont composées de cinq ou sept folioles ovales, dentées, devenant pourpres à l'automne au moment de leur chute.

Le Frêne quadrangulé (*F. quadrangulata*), arbre de 15 à 20 mètres, a des rameaux tétragones, des bourgeons velus, et des feuilles à cinq ou sept folioles ovales, dentées, velues en dessous.

Le Frêne roux (*F. rufa*) est un arbre de 6 à 8 mètres, à feuilles, les unes simples, les autres à trois folioles.

Toutes ces espèces croissent dans l'Amérique du Nord, et particulièrement aux États-Unis.

Le Frêne commun peut croître dans les situations les plus diverses ; toutefois l'exposition du midi lui est peu favorable. Peu difficile sur la nature du sol, il craint néanmoins l'excès de sécheresse ou d'humidité.

On le propage ordinairement de graines, semées au printemps ou à l'automne, en place ou en pépinière. Dans ce dernier cas, on repiquera les jeunes plants âgés d'un an ou deux, pour les mettre en place à l'âge de cinq à six ans.

On peut aussi, mais avec plus de difficulté, multiplier le Frêne de boutures ou de marcottes.

Il vaudrait mieux recueillir les jeunes sujets qui croissent dans les bois, et les repiquer en pépinière.

Le Frêne se prête bien à la transplantation, même à un âge assez avancé ; mais il faut s'abstenir de l'étêter, car il répare difficilement la perte de la pousse terminale. Les jeunes plants seront ébourgeonnés à la base ; à tout âge, on ne devra élaguer cette essence que très-modérément.

Cet arbre est sujet à être attaqué par les cantharides. D'un autre côté, il brûle bien, même quand il est vert, et peut ainsi communiquer le feu dans les incendies.

Ces deux circonstances rendent le voisinage du Frêne aussi incommode que dangereux pour les habitations. Aussi doit-on le proscrire des plantations des villes, et surtout des villages où les maisons sont couvertes en chaume.

Les nombreuses variétés du Frêne, ainsi que les essences exotiques, peuvent se multiplier de semis, du moins dans la plupart des cas. Mais en général on trouve plus commode et plus expéditif de les propager par la greffe. Le type de l'espèce commune est ordinairement choisi pour sujet.

XXI. — BIGNONIACÉES.

CATALPA (*Catalpa*).

Le Catalpa commun (*C. bignonioïdes*) est un arbre de 10 à 15 mètres, très-rameux, à cime arrondie, large et touffue ; ses feuilles sont très-grandes, cordiformes, entières, molles, pubescentes. En juillet et août, il se couvre de grandes fleurs blanches, tachées de jaune et de pourpre, disposées en grandes panicules. Ses fruits sont de longues gousses, cylindriques, brunâtres, pendantes. Cette espèce, originaire de la Caroline, est très-rustique sous nos climats.

Le Catalpa de Bunge (*C. Bungeana*) diffère du précédent par sa taille plus petite, ses feuilles glabres et souvent découpées, et ses fleurs en panicules moins compactes. Il croît en Chine.

Les Catalpas demandent une exposition à mi-ombre, une bonne terre franche, meuble et substantielle. On les multiplie de graines, semées en avril et abritées contre le froid. On repique en pépinière, et on met en place à la quatrième année. On peut aussi les propager de boutures ou de rejetons. Ils produisent un plus bel effet quand on les plante isolés.

XXII. — PERSONÉES.

Paulownia (*Paulownia*).

Le Paulownia impérial (*P. imperialis*) est un arbre de première grandeur, qui, par son port et par son feuillage, ressemble beaucoup au Catalpa. Dans nos cultures, il ne dépasse guère 10 à 12 mètres ; son tronc est droit, sa cime large et touffue. Ses rameaux, velus dans le jeune âge, plus tard couverts d'une écorce brune et ponctuée, portent des feuilles très-grandes, opposées, entières, échancrées en cœur à la base, molles, d'un beau vert, pubescentes, surtout en dessous.

Les fleurs, qui paraissent au premier printemps, avant les feuilles, sont grandes, d'un beau bleu violacé, ponctuées de brun et rayées de jaune, disposées en panicules pyramidales au sommet des rameaux. Elles exhalent une odeur de violette fort agréable. Le fruit est une capsule bivalve, du volume d'une petite noix, renfermant de nombreuses graines.

Le Paulownia est originaire du Japon. Il croît en pleine terre dans toute l'étendue du territoire français ; mais, dans le nord, il lui faut une exposition chaude et abritée contre les vents, car ses branches rompent facilement.

Un terrain meuble, sec et chaud, est celui qu'il préfère. On le multiplie facilement de graines, et mieux encore par boutures de racines. Sa croissance est très-rapide, surtout dans les premières années, et ses feuilles dépassent 0^m50 de diamètre ; on le cultive souvent pour son feuillage, et dans ce but on a soin de le recéper tous les ans à la base, afin de lui faire produire des pousses vigoureuses. Si on la laisse monter en tige, il faut le placer contre un massif de verdure, de telle sorte que ses fleurs puissent produire tout leur effet.

XXIII. — LAURINÉES.

LAURIER (*Laurus*).

Le Laurier franc (*L. nobilis*), vulgairement *Laurier d'Apollon*, *Laurier sauce*, etc., est un arbre de 10 à 12 mètres, à rameaux dressés, couverts de feuilles assez grandes, lancéolées, d'un vert foncé, persistantes, exhalant, surtout quand on les froisse, une odeur forte, mais agréable. Ses fleurs, vert jaunâtre, peu apparentes, s'épanouissent en mai. Les fruits qui leur succèdent sont des baies ovoïdes, noirâtres à la maturité, du volume d'une petite olive.

Cette espèce croît dans la région méditerranéenne.

Le Laurier a produit plusieurs variétés : à feuilles plus larges ou plus étroites, ondulées ou légèrement crépues, ou bien encore diversement panachées.

Cet arbre végète parfaitement dans le midi et dans l'ouest de la France. Mais, sous le climat de Paris, il est un peu délicat ; il faut ici le placer à une exposition abritée et le protéger par un paillis contre les grands froids.

Peu exigeant pour la nature du sol, il préfère néanmoins une terre franche, légère, chaude et sèche ; il redoute surtout l'excès d'humidité.

On multiplie le Laurier de graines, semées aussitôt après leur maturité. Dans le nord, il faut faire le semis en terrines, sur couches et sous châssis. On peut également le propager de drageons, rejetons et de marcottes.

Les variétés se multiplient par boutures ou par la greffe en fente sur le type de l'espèce.

Le Laurier doit être abandonné à lui-même ; on ne le taille que très-légèrement et pour régulariser sa forme. Dans le Midi, on en fait des haies et des palissades. Il mérite d'être répandu dans les bosquets d'hiver.

Le Laurier de la Caroline (*L. Carolinensis*), vulgairement *Laurier rouge* ou *Laurier Bourbon*, est un grand arbre à feuilles lancéolées, plus ou moins velues, persistantes, d'une odeur agréable ; ses fleurs sont disposées en bouquets sur de longs pédoncules rouges ; les fruits sont des baies bleues, entourées à leur base d'une cupule rouge.

Cet arbre, un peu moins rustique que le précédent, convient surtout au midi de la France et aux parties chaudes de l'ouest. Il se cultive comme le Laurier franc.

SASSAFRAS (*Sassafras*).

Le Sassafras officinal (*S. officinale*), vulgairement *Laurier sassafras*, est un arbre de 10 à 15 mètres, à feuilles ovales-lancéolées ou trilobées, molles et velues dans leur jeunesse, plus tard coriaces, glabres et d'un vert foncé en dessus. Les fleurs, petites, jaune verdâtre, disposées en panicules terminales, paraissent en mai, avant les feuilles ; les fruits sont des baies bleu noirâtre, de la grosseur d'un pois, à cupule et pédicelle rouges. Toutes les parties de cet arbre exhalent, quand on les froisse, une odeur agréable.

Cette espèce est originaire des États-Unis.

Le Sassafras peut croître en plein air jusque sous le climat de Paris. Il préfère la terre de bruyère, mais s'accommode de tout terrain exempt d'humidité.

On peut le multiplier de graines, semées aussitôt après leur maturité ; mais les bonnes graines sont assez rares, et le semis ne lève le plus souvent qu'au bout de deux ans. Si l'on a semé au printemps, la germination est encore plus lente.

Aussi préfère-t-on propager le Sassafras par ses rejetons ou drageons. Le marcottage est plus difficile, et doit être fait avec du bois de l'année précédente.

Le bouturage des racines fournit un moyen commode et expéditif de multiplication. Au printemps, on prend sur les vieux pieds des racines de la grosseur d'un tuyau de plume ; on les coupe en tronçons de 10 à 15 centimètres de longueur, qu'on place dans des terrines remplies d'un mélange de terreau et de terre de bruyère. A l'aide d'arrosements peu copieux, mais fréquents, les tiges poussent au bout d'un à deux mois ; on les repique en pots, sous châssis ou en orangerie. Quand les sujets ont quatre à cinq ans, on peut les planter à demeure.

CAMPHRIER (*Camphora*).

Le Camphrier officinal (*C. officinarum*) est un arbre de 10 à 15 mètres, à feuilles ovales, acuminées, entières, glabres, coriaces, d'un beau vert brillant en dessus, glauque en dessous. Les fleurs sont blanchâtres, groupées en corymbes. Le fruit est une petite drupe ovoïde, d'un pourpre foncé.

Originaire de l'Asie orientale, le Camphrier paraît susceptible de croître en pleine terre dans le Midi de la France. Il demande une terre substantielle. On le multiplie de graines, de boutures, et mieux de marcottes.

XXIV. — EUPHORBIACÉES.

Gluttier (*Stillingia*).

Le Gluttier porte-suif (*S. sebifera*) est un arbre qui atteint et dépasse même quelquefois la taille de 15 mètres. Il ressemble au peuplier noir, par son port et par ses feuilles, qui sont cordiformes, acuminées, luisantes, d'un beau vert ; elles prennent à l'automne une belle teinte rouge. Ses fleurs, en chatons dressés, paraissent en septembre. Les fruits sont des capsules globuleuses, composées de trois coques, dont chacune renferme une graine entourée d'une matière grasse, analogue à la cire ou au suif.

Originaire de la Chine et du Japon, le Gluttier croît très-bien en pleine terre dans le midi de la France ; il est naturalisé aux environs de Perpignan. Les climats de l'ouest ne paraissent pas lui être contraires ; mais il ne supporte pas les hivers de Paris.

Le Gluttier se multiplie assez facilement de graines, qui mûrissent dans le midi, et de marcottes. C'est un très bel arbre qui figure fort bien dans les plantations d'agrément, soit isolé, soit en avenues ou en massifs.

XXV. — ULMACÉES.

Orme (*Ulmus*).

Les Ormes sont généralement de grands arbres, à rameaux distiques, portant des feuilles alternes, ovales-aiguës, dentées, plus ou moins rudes au toucher. Les fleurs rougeâtres, en petits bouquets, paraissent au premier printemps, avant les feuilles. Le fruit est une samare membraneuse, arrondie.

Ce genre comprend un assez grand nombre d'espèces, qui croissent dans les régions tempérées du nord, surtout en Europe et aux États-Unis.

L'Orme champêtre ou commun (*U. campestris*) est un arbre de première grandeur, à écorce grisâtre et crevassée dans les vieux sujets; ses feuilles, qui présentent les caractères généraux du genre, varient beaucoup pour la dimension; elles sont molles et pubescentes dans le jeune âge.

Ce bel arbre est originaire des régions tempérées de l'Europe, où il est fréquemment cultivé.

Il a produit de nombreuses variétés: — à tige tortueuse, à écorce subéreuse; — à rameaux dressés, horizontaux ou pendants; — à feuilles très-grandes ou très-petites, avec tous les intermédiaires, diversement découpées, panachées, bordées ou maculées de blanc ; — à feuilles molles et presque lisses, luisantes ou d'un vert bronzé, etc.

Le choix des variétés dépend du but qu'on se propose; pour les avenues et les plantations de ligne, on donnera la préférence aux variétés ordinaires à larges feuilles. Les arbres destinés à être plantés isolément ou à figurer aux endroits les plus apparents des massifs seront choisis parmi ceux qui présentent quelque particularité remarquable dans la direction des rameaux, la forme ou la couleur du feuillage, etc.

L'Orme de montagne (*U. montana*) diffère du précédent par sa taille un peu moins élevée, ses feuilles plus grandes, cordiformes, très-rudes en dessus, pubescentes en dessous. Il forme aussi un très-bel arbre, à cime ample, à branches étalées, et à feuillage d'un vert foncé. Il présente des variétés à rameaux dressés ou pendants.

L'Orme pédonculé (*U. pedunculata*) a une cime étalée, diffuse, des feuilles assez grandes, ovales, très-

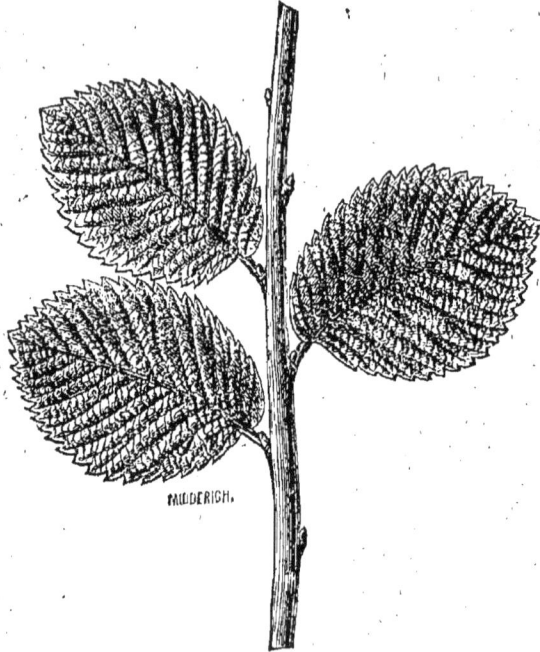

Fig. 16. Orme rouge.

inégales à la base, plus molles et moins rudes en dessus.

Ces deux espèces sont originaires d'Europe.

L'Orme d'Amérique (*U. Americana*) est un arbre de première grandeur, dont la tige assez droite se termine par une cime large et bien fournie; ses feuilles sont grandes, ovales aiguës, inégales à la base, presque glabres, mais un peu rudes. Il présente aussi des variétés à rameaux dressés ou pendants, et à feuilles panachées.

L'Orme rouge (*U. fulva*) (fig. 16) est un arbre de 20 à 25 mètres, à branches étalées, à feuilles très-grandes, surtout chez les jeunes individus, ovales, épaisses, très-rudes en dessus. Il croît aussi dans l'Amérique du Nord.

L'Orme de Sibérie (*U. Sibirica*) est un petit arbre très-élégant, à rameaux grêles, retombant avec grâce, et couverts de feuilles ovales-aiguës, dentées en scie. Originaire du nord de l'Asie, il se fait remarquer par la précocité de sa végétation. On l'appelle aussi *Orme nain*.

L'Orme de Chine (*U. Sinensis*) est encore une espèce de petite taille; ses rameaux distiques, grêles, portent des feuilles luisantes, petites, oblongues, dentées, persistantes. Malheureusement il ne résiste pas aux hivers rigoureux, sous la latitude de Paris.

L'Orme croît dans tous les climats tempérés; les extrêmes de température lui sont nuisibles; il redoute surtout l'excès de chaleur. Aussi, dans les plaines, préfère-t-il les expositions du Nord et de l'Est. Dans les montagnes, au contraire, c'est au midi ou à l'ouest qu'il faudra le placer.

Peu exigeant pour le sol, se contentant même des terres peu profondes, il végète mieux dans les terrains meubles, frais ou légèrement humides, mais non marécageux.

On peut le propager de graines, semées sur la place aussitôt après la maturité, qui a lieu en juin.

Le plus souvent, on sème en pépinière, à la même époque. On répand la graine sur un sol bien divisé, et on la recouvre d'une couche mince de terre franche bien terreautée. Si le temps est sec, on donne quelques arrosements. On repique les jeunes plants vers l'âge de deux à trois ans, et, après un laps de temps égal, on peut les planter à demeure.

Les drageons, qui croissent en abondance dans les massifs d'Ormes, fournissent un moyen économique et expéditif de multiplication ; mais il faut les relever bien fournis de racines, et leur faire subir un repiquage en pépinière.

On propage si facilement l'Orme par les procédés indiqués ci-dessus, qu'on emploie rarement le bouturage ou le marcottage, qui d'ailleurs n'offrent aucune difficulté.

Quant aux variétés ornementales et aux espèces exotiques, bien qu'on puisse le plus souvent les multiplier de la même manière, on préfère les propager par la greffe en fente, ou mieux en écusson, sur l'Orme commun.

L'Orme reprend en général très-bien à la transplantation, même à un âge assez avancé ; si pourtant le contraire arrivait, il faudrait recéper les plants mal venants.

C'est surtout à propos de l'Orme que l'on doit recommander un élagage progressif et modéré ; pour les sujets plantés en avenues, on se bornera, dans l'année qui suit la plantation, à ébourgeonner la partie inférieure de la tige. A tout âge, on évitera de couper de grosses branches, dont l'ablation produirait des plaies difficiles à guérir. Enfin, il ne faudra étêter cet arbre que dans les cas exceptionnels.

L'Orme, supportant très-bien la taille, est employé pour faire des berceaux, des haies et des palissades,

PLANÈRE (*Planera*).

Le Planère crénelé *(P. crenata)* (Fig. 17), appelé aussi *Zelkoua* et improprement *Orme de Sibérie*, est un arbre de 25 mètres, à tige droite, couverte d'une écorce lisse, vert-grisâtre, qui se détache par plaques, comme celle du Platane. Ses rameaux portent des feuilles distiques,

Fig. 17. Planère crénelé.

presque sessiles, ovales-lancéolées, inégales à la base, largement crénelées, coriaces et d'un beau vert. Les fleurs, petites, verdâtres, peu apparentes, se montrent au printemps, avant les feuilles. Le fruit est une petite capsule globuleuse.

Ce bel arbre croit dans la région du Caucase.

Le Planère aquatique (*P. aquatica*) diffère du précédent par sa taille plus petite, ses jeunes rameaux grêles et rougeâtres, ses feuilles pétiolées et dentées en scie. Il croît aux États-Unis.

Le Planère crénelé est rustique et peu difficile sur le sol. On le propage de marcottes, et mieux par la greffe en fente ou en écusson sur l'Orme commun. Sa croissance est rapide et son port élégant. Il n'est pas attaqué par les insectes.

Le Planère aquatique est plus délicat, et a besoin d'être abrité sous le climat de Paris, où il ne devient jamais bien grand. Il préfère les terrains frais et humides.

MICOCOULIER (*Celtis*).

Le Micocoulier de Provence (*C. australis*) (Fig. 18) est un arbre de 15 à 20 mètres, à rameaux divergents, grisâtres, portant des feuilles ovales oblongues, dentées, inégales à la base, à sommet déjeté de côté, d'un vert foncé, âpres en dessus, velues en dessous. Les fleurs sont petites, verdâtres, de peu d'effet. Le fruit est une drupe noirâtre, peu charnue, de la grosseur d'un pois.

Cet arbre est originaire du midi de l'Europe ; il supporte assez bien la pleine terre jusque dans le nord de la France.

Il présente une variété à feuilles panachées.

Le Micocoulier de Virginie (*C. occidentalis*) se distingue du précédent par sa taille plus élevée ; ses jeunes rameaux grêles et pubescents, un peu inclinés ; ses feuilles minces, moins velues et d'un vert plus pâle ; ses fleurs un peu plus précoces ; ses fruits plus gros, ovoïdes et d'un pourpre foncé.

Le Micocoulier à feuilles en cœur (*C. cordata*) atteint

la hauteur de 25 mètres ; ses feuilles sont grandes épaisses, finement dentées, échancrées en cœur à la base, allongées en pointe au sommet, d'un beau vert, velues et comme drapées.

Ces deux espèces croissent dans l'Amérique du Nord.

Le Micocoulier d'Orient (*C. orientalis*) est un arbre de 8 à 10 mètres, à rameaux glabres, portant des feuilles

Fig. 18. Micocoulier de Provence.

plus courtes que celles des précédents, cordiformes, obliques, crénelées ou profondément dentées, glabres, d'un vert mat ou un peu blanchâtre. Il croît en Orient et sur le Caucase.

Les Micocouliers croissent dans presque tous les sols et à toute exposition. Ils préfèrent néanmoins les sols profonds, légers et un peu frais. Dans le nord de

5.

la France, il est bon de les placer à une exposition chaude, et de les protéger en hiver par un paillis, au moins dans les premières années.

Le Micocoulier de Provence se propage le plus souvent de graines, semées en pépinière, à l'automne, et légèrement recouvertes. Le semis lève au printemps suivant, si l'on a eu soin de l'arroser un peu ; pendant les premiers hivers, on lui donne un abri de paille ou de feuilles sèches. On repique les plants à l'âge de deux ans, et on les met en place quand ils ont atteint la taille d'un mètre.

On propage aussi cette espèce de drageons enracinés.

Les autres Micocouliers se cultivent de même ; on les propage aussi par la greffe sur l'espèce commune.

XXVI. — MORÉES.

MURIER (*Morus*).

Le Mûrier noir (*M. nigra*) est un arbre de 8 à 10 mètres, à tige couverte d'une écorce épaisse et crevassée ; ses rameaux étalés et tortueux, formant une cime arrondie, portent des feuilles pétiolées, cordiformes à la base, aiguës au sommet, dentées, assez épaisses, d'un beau vert, rudes en dessus, pubescentes en dessous. Ses fleurs sont peu apparentes. Ses fruits charnus, ovoïdes, sont d'un pourpre noirâtre à la maturité.

Il existe une variété à feuilles lobées.

Originaire de l'Asie Mineure, le Mûrier noir est cultivé comme arbre fruitier dans le midi de la France ; mais il peut croître en pleine terre jusque dans le nord.

Le Mûrier blanc (*M. alba*) se distingue du précédent par sa taille un peu plus élevée, ses feuilles presque glabres et d'un vert gai, et ses fruits blanchâtres ou rosés.

Cette espèce est originaire de la Chine. Cultivée surtout pour la nourriture des vers à soie, elle a produit de nombreuses variétés à feuilles plus ou moins larges, plus ou moins profondément lobées, quelquefois marquées de grosses nervures blanchâtres.

Le Mûrier rouge (*M. rubra*) atteint 20 à 25 mètres de hauteur ; son écorce est brun noirâtre ; ses rameaux nombreux portent des feuilles larges, rudes au toucher, rarement lobées, d'un vert très-foncé en dessus, blanchâtres en dessous ; ses fruits sont ovoïdes, rouge vif d'abord, puis pourpre noirâtre. Cette espèce croît aux États-Unis et au Canada. Elle présente une variété à feuilles très-découpées et laciniées.

Nous citerons encore le Mûrier multicaule (*M. multicaulis*), très-voisin du Mûrier blanc, et le Mûrier Tokwa, grand arbre à très-larges feuilles, originaire du Japon.

Les Mûriers sont rarement cultivés comme arbres d'ornement. Ils aiment un sol léger et frais, mais exempt d'humidité permanente. On les propage de graines, semées en pépinière, au printemps, et arrosées avec précaution. L'année suivante, on repique les jeunes plants, en supprimant le pivot.

On les multiplie aussi de rejetons, de boutures, de marcottes et de greffe sur les variétés communes.

La plantation à demeure se fait au printemps. La taille se réduit à enlever les branches mortes, et à éclaircir la cime, dans les parties qui sont trop touffues.

BROUSSONÉTIE (*Broussonetia*).

Le Broussonétie papyrifère (*B. papyrifera*), vulgairement *Mûrier de la Chine* ou *Mûrier à papier*, est un arbre de 10 à 12 mètres, à cime arrondie, à feuilles très-polymorphes, entières ou plus ou moins profondément découpées, très-amples, pubescentes, d'un beau vert. Les fleurs sont dioïques : les mâles en châtons vert grisâtre, pendants ; les femelles, en capitules globuleux. A l'automne, on voit sortir du calice de celles-ci des filets rouges, charnus, succulents, analogues aux fibres charnues de la figue, et qui constituent les fruits.

Le Broussonétie est originaire de l'Asie orientale. Il présente plusieurs variétés · à rameaux gros et anguleux, — à feuilles recourbées en capuchon, ou excessivement découpées, ou panachées de blanc ou de jaune, — à fruit blanc, etc.

Le Broussonétie, bien moins répandu qu'autrefois, se trouve encore néanmoins dans un grand nombre de jardins et de plantations urbaines, surtout du midi. Il vient bien dans le nord; mais, sous la latitude de Paris, ses jeunes pousses sont souvent détruites par les gelées.

On le propage très-aisément de diverses manières.

Le semis se fait, aussitôt après la maturité des graines, sur un terrain bien meuble et exposé au midi. Il lève au printemps suivant, et on repique les jeunes plants la seconde année. Ils ont besoin, dans le nord, d'être couverts d'un paillis pendant les grands froids, jusqu'à ce qu'ils aient l'âge de quatre à cinq ans ; on peut alors les planter à demeure.

Le Broussonétie produit une quantité considérable de drageons, qu'on peut relever et repiquer en pépinière. Ce procédé est très-expéditif; dès la seconde ou la troisième année, les sujets peuvent être mis en place.

On obtient facilement des marcottes, en rabattant un pied près de terre; les rameaux, couchés dans un terrain frais, ne tardent pas à s'enraciner; on les traite comme les drageons.

Le bouturage des rameaux est rarement usité. Il n'en est pas de même de celui des racines, qui, coupées en tronçons d'un à deux décimètres, enfouies dans le sol et arrosées, donnent des pousses, dès la première ou au plus tard la seconde année.

Le Broussonétie, isolé, en avenues ou en massifs, produit un bel effet par son feuillage. On l'élague très modérément, dans le but de lui donner une forme arrondie.

MACLURA (*Maclura*).

Le Maclura orangé (*M. aurantiaca*) est un arbre de 15 à 20 mètres, très-rameux, épineux, à cime arrondie, à rameaux étalés et flexueux, à feuilles ovales, acuminées, entières, luisantes, d'un vert gai. Les fleurs, qui paraissent en juin et juillet, sont dioïques : les mâles en chatons allongés, les femelles en chatons globuleux. Le fruit mûr a la forme et la couleur d'une orange. — On possède une variété à feuilles panachées.

Cet arbre est originaire du sud des États-Unis. On l'appelle aussi *Oranger des Osages, Bois d'Arc, Maclure épineux*, etc.

Le Maclura est assez rustique. Il préfère une terre substantielle, fertile et fraîche. Comme ses graines sont rares, on le multiplie par boutures de rameaux, et mieux par tronçons de racines, qu'on enfonce dans le sol, de manière à n'en laisser sortir que la longueur d'un centimètre environ. La variété panachée peut aussi se greffer en fente sur le type.

Le Maclura produit un bel effet par son feuillage et ses fruits. On peut le planter dans les massifs, ou isolé au bord des eaux. Dans les pays où il est abondant, on en fait de bonnes haies défensives. Son fruit est comestible.

FIGUIER (*Ficus*).

Le Figuier commun (*F. Carica*) est un arbre qui peut atteindre dix mètres de hauteur; ses rameaux nombreux se couvrent de feuilles très-grandes, échancrées en cœur à la base, palmées, à cinq lobes arrondis, d'un beau vert foncé, surtout en dessus. Son fruit est bien connu.

Originaire de l'Orient, le Figuier a produit de nombreuses variétés. Cultivé généralement comme arbre fruitier, il mérite une place dans les massifs d'agrément, où il produit un bel effet par son feuillage.

XXVII. — PLATANÉES.

PLATANE (*Platanus*).

Le Platane commun (*P. vulgaris*) est un des plus grands arbres à feuilles caduques. Sa tige, haute de 25 à 30 mètres, et qui peut même atteindre 40 mètres, est droite et régulière, couverte d'une écorce grisâtre, se détachant par larges plaques. Ses rameaux étalés forment une cime large, régulière, arrondie, et portent des feuilles alternes, longuement pétiolées, palmées, à trois, cinq ou sept lobes aigus, découpés. Les fleurs peu apparentes, sont disposées en chatons. Le fruit est globuleux et d'un fauve brunâtre.

Cet arbre présente plusieurs variétés, surtout dans la dimension et la forme des feuilles. Elles se rapportent à deux types principaux, qu'on a longtemps regardés comme deux espèces distinctes : 1° le Platane d'Orient (*P. orientalis*), à écorce vert-grisâtre, à feuilles glabres, atténuées en coin à la base, et profondément lobées, à fruits bruns ; — 2° le Platane d'Occident (*P. occidentalis*), à écorce gris-blanchâtre, à feuilles pubescentes, cordées ou tronquées à la base, divisées en lobes peu marqués, et à fruits jaunâtres, notablement plus gros que dans le précédent.

Le Platane habite les régions chaudes et tempérées des deux continents. Il peut croître en plein air dans toute la France, et même bien plus au nord. Il est rustique, et vient à toute exposition, pourvu toutefois qu'elle soit à l'abri des grands vents, auxquels il donne beaucoup de prise par sa large cime.

Il s'accommode de tous les terrains qui ne sont ni trop humides ni trop secs. Il préfère néanmoins les sols légers, meubles, profonds, frais et substantiels. Le Platane d'Orient résiste mieux à la sécheresse ; le Platane d'Occident, au contraire, est moins sensible à un certain excès d'humidité.

On propage le Platane par graines, semées aussitôt que possible après la maturité, en terre sableuse, un peu fraîche, exposée à l'est ou au nord. On recouvre à peine la graine ; il est même préférable de la répandre simplement sur le sol, de l'y fixer par un arrosement,

puis d'étendre sur le semis un paillis. Ces précautions
sont inutiles, si l'on sème au printemps.

La seconde année, on repique les jeunes plants en
pépinière, et au bout de quatre à cinq ans, les sujets
sont assez forts pour être plantés à demeure.

Toutefois le semis est assez rarement employé.

Généralement, on préfère recourir au bouturage,
opéré pendant l'hiver, avec des rameaux de la dernière
pousse, ayant à la base un talon de bois de deux ans.
L'hiver suivant, on repique ces boutures en pépinière.
On a conseillé de faire les boutures sur place; ce procédé fait gagner du temps; mais il exige des soins assez
minutieux.

On emploie quelquefois le bouturage par ramée, en
couchant dans le sol une branche bien garnie de ramil-
les. On fait encore des boutures en plançons, et le bouturage même par racines a été appliqué avec avantage.

Le Platane émet, à sa base, des rejetons, qui peuvent
servir à le multiplier; mais il est bon de les repiquer
en pépinière, pour ne les planter à demeure que deux
ans après.

Enfin, on propage cet arbre par marcottes. Pour
cela, on commence par recéper ou rabattre le pied-
mère à fleur de terre; les rameaux qui poussent dans
l'année sont couchés vers la fin de l'hiver suivant; à
moins que l'été ne soit par trop sec, ils seront enracinés
au bout d'un an, et on pourra alors les sevrer. Dans les
grandes pépinières, on réserve un certain nombre de
pieds uniquement pour cet objet.

Les pieds qui proviennent de marcottes sont traités
comme les brins de semis. Ils croissent bien plus
rapidement, mais seulement jusqu'à l'âge de douze à
quinze ans.

Le Platane est un des plus beaux arbres que l'on puisse cultiver isolés, en massifs et surtout en avenues. Sa croissance est rapide; ses feuilles paraissent de bonne heure au printemps et tombent fort tard à l'automne. Il fait très bien au bord des eaux. Enfin, il est fort docile à la taille et prend aisément toutes les formes en éventail, en plafond ou en portique. Aussi est-il très-recherché pour les plantations urbaines.

XXVIII. — BALSAMIFLUÉES.

LIQUIDAMBAR (*Liquidambar*).

Le Liquidambar copal (*L. styraciflua*), vulgairement *Copalme d'Amérique*, est un arbre de 15 à 20 mètres, à rameaux rougeâtres, portant des feuilles longuement pétiolées, palmées, à cinq lobes aigus et dentés en scie, échancrées en cœur à la base; elles sont d'un vert foncé et luisantes en dessus, et prennent avant de tomber une belle teinte rouge. Ses fleurs verdâtres paraissent au printemps, avant les feuilles. Toutes les parties de cet arbre exhalent, quand on les froisse, une odeur agréable.

Cette espèce croît dans l'Amérique du Nord.

Le Liquidambar du Levant (*L. orientale*) ressemble beaucoup au précédent; il s'en distingue par sa cime plus resserrée et plus rameuse; par ses feuilles glabres, à lobes plus courts, beaucoup plus sinués et non dentelés; enfin, par ses fruits plus petits. Il est originaire de l'Asie Mineure et de l'île de Chypre.

Les Liquidambars sont rustiques, le second surtout. Ils préfèrent les terrains frais, ou même humides, et une exposition chaude abritée. Peu répandus encore dans les jardins, ils peuvent servir à orner le bord des eaux.

On multiplie les Liquidambars de graines, tirées en général des pays d'origine. On sème ces graines en terrines remplies de terre de bruyère, et placées, au printemps, sur couche et sous châssis. On arrose copieusement. Au printemps suivant, on repique les jeunes plants en terre de bruyère, à l'exposition du nord. On réitère cette opération deux ans après. On continue à arroser en été, et à donner un paillis pendant l'hiver. Vers l'âge de cinq à six ans, on plante les sujets à demeure.

On propage encore ces arbres de boutures, de marcottes ou de rejetons, repiqués en pépinière.

XXIX. — JUGLANDÉES.

NOYER (*Juglans*).

Le Noyer commun (*J. regia*) est un arbre de première grandeur; sa tige droite se couronne de nombreux rameaux formant une cime large et arrondie, et portant de grandes feuilles imparipennées, à sept ou neuf folioles ovales, aiguës, glabres, coriaces, d'un vert sombre, exhalant, quand on les froisse, une odeur aromatique. Les fleurs paraissent avant les feuilles; les mâles sont groupées en châtons noirâtres pendants. Le fruit est trop connu pour qu'il soit besoin de le décrire.

Originaire des bords de la mer Caspienne, le Noyer est depuis longtemps cultivé en France. Il a produit de nombreuses variétés fruitières, et plusieurs variétés ornementales: à rameaux pendants, à feuilles de formes diverses, ou élégamment découpées, ou réduites à la foliole terminale.

Le Noyer noir (*J. nigra*) atteint la hauteur de 20 à 25 mètres; ses feuilles très-longues se composent de quinze à dix-neuf folioles ovales-aiguës, dentées, légèrement pubescentes. Son fruit globuleux, ponctué, exhale une odeur forte et agréable. Cette espèce est originaire des États-Unis.

Le Noyer cendré (*J. cinerea*) est un arbre de 20 mètres; ses feuilles se composent de quinze ou dix-sept folioles oblongues-lancéolées, arrondies à la base, légèrement dentées, cotonneuses-grisâtres en dessous. Il porte des fleurs en chatons courts et épais, et des fruits ovoïdes, velus et visqueux. Il croît dans les provinces méridionales des États-Unis.

Les Noyers sont généralement rustiques, surtout le Noyer noir. Le Noyer commun est plus délicat, du moins dans le nord de la France. Ces arbres préfèrent une exposition chaude et abritée, et une terre riche et profonde.

Tous les Noyers se multiplient de semence. On fait stratifier les graines dans du sable pendant l'hiver et on les sème au printemps. Dès qu'elles ont germé, on coupe les radicules, pour empêcher le développement du pivot et favoriser la formation du chevelu. On les repique alors en terre légère, à la profondeur de cinq à six centimètres. Deux ou trois ans après, on peut les mettre en place, de préférence à l'automne, et en ayant soin de couper le moins de branches possible.

Il faut surtout éviter d'attendre trop longtemps, car il ne supporte pas bien la transplantation.

Pour ce même motif, il est avantageux de semer le

Noyer en place ; on obtient ainsi des arbres d'une végétation plus rapide et d'une plus belle forme.

Les variétés ornementales, ainsi que les espèces exotiques, se propagent encore par la greffe, en flûte, en écusson ou en approche, sur le Noyer commun. On opère vers la fin d'avril, quand le mouvement de la séve s'est un peu ralenti.

Les Noyers redoutent beaucoup la taille. On doit s'attacher à les ébourgeonner convenablement quand ils sont jeunes, afin de n'avoir pas à y toucher plus tard.

CARYER (*Carya*).

Le Caryer blanc (*C. alba*), vulgairement *Noyer blanc*, est un arbre de 25 à 30 mètres, à feuilles très-grandes, composées de cinq folioles très-longues, ovales, acuminées, dentées, glabres, d'un vert gai en dessus, finement veloutées en dessous, la terminale sessile et plus large. L'écorce de cet arbre se détache par lames écailleuses. Son fruit est petit, lisse et anguleux.

Cette espèce croît aux États-Unis, surtout dans les provinces du nord. Elle présente quelques variétés dans le volume, la forme et la couleur du fruit.

Le Caryer amer (*C. amara*) atteint la hauteur de 25 mètres ; ses bourgeons jaunes et nus le distinguent des autres espèces. Ses feuilles sont longues, composées de sept ou neuf folioles ovales oblongues, acuminées, dentelées, glabres, d'un vert intense, la terminale plus grande. Il croît aussi aux États-Unis, et montre plus de rusticité que le précédent.

Le Caryer pacanier (*C. oliveæformis*) est un bel arbre de 20 à 25 mètres, à feuilles longues, portant treize ou quinze folioles ovales lancéolées, acuminées, dentées ;

le fruit est oblong, de la forme et de la grosseur d'une olive (Fig. 19).

Le Caryer à pourceaux (*C. porcina*) atteint 25 mètres; ses feuilles grandes ont cinq ou sept folioles ovales lancéolées, aiguës, dentées en scie, longues, glabres sur leurs deux faces. Cette espèce est moins rustique, et végète mal dans le nord.

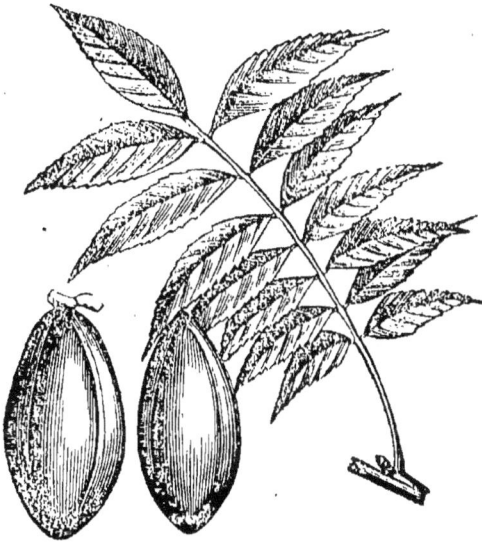

Fig. 19. Caryer pacaner.

Le Caryer tomenteux (*C. tomentosa*) est un arbre de 15 à 20 mètres, à bourgeons gros, courts, gris blanchâtre. Ses feuilles très-longues portent sept ou neuf folioles sessiles, ovales-acuminées, légèrement dentées, épaisses, velues en dessous. Tous ces arbres sont aussi originaires des États-Unis.

Les Caryers se cultivent comme les Noyers.

PTÉROCARYER (*Pterocarya*).

Le Ptérocaryer à feuilles de frêne (*P. fraxinifolia*), vulgairement *Noyer à feuilles de frêne*, est un arbre de 10 à 15 mètres, tortueux, à rameaux nombreux, couverts d'une écorce lisse et brun verdâtre ; ses feuilles se composent de quinze ou dix-sept folioles sessiles, oblongues, lancéolées, lisses, finement dentées, inégales à la base, d'un beau vert foncé en dessus, pâles en dessous ; les fleurs sont verdâtres, en longs chatons pendants, et le fruit est muni de deux ailes. Cet arbre est originaire de la Perse et de l'Asie Mineure.

On cultive aussi quelquefois le Ptérocaryer du Japon (*P. Japonica*), qui diffère surtout du précédent par ses feuilles à rachis ailé, et le Ptérocaryer du Caucase (*P. Caucasica*).

Les Ptérocaryers ressemblent beaucoup aux Noyers, et se cultivent à peu près de même. Toutefois, ils sont moins rustiques et conviennent peu aux climats du nord de la France. Ils prospèrent et fructifient assez bien dans le midi. Ils aiment une bonne terre franche, et se multiplient de semis, de marcottes, de drageons ou rejetons enracinés, et de greffe sur le Noyer commun. Ils produisent un bel effet dans les massifs.

XXX. — SALICINÉES.

SAULE (*Salix*).

Les Saules sont des arbres ou des arbrisseaux, à feuilles ordinairement alternes, plus ou moins pubescentes ou velues ; les fleurs, généralement très-précoces, sont dioïques et groupées en chatons. Le fruit est une petite capsule bivalve, renfermant plusieurs graines munies d'une aigrette de longs poils soyeux.

Ce genre comprend environ cent cinquante espèces, dont plus des deux tiers appartiennent à l'Europe. Elles croissent en général dans des terrains frais ou au bord des eaux.

Les espèces dans ce genre sont assez difficiles à déterminer. Elles présentent en effet de nombreuses variétés intermédiaires, et les hybridations entre espèces voisines y sont fréquentes. D'un autre côté, il est rare d'y trouver en même temps des feuilles et des fleurs. Enfin, ces végétaux sont dioïques, et il en est dont on ne possède, dans certaines régions, qu'un seul sexe. De là, la confusion qui règne encore dans ce groupe, et le peu d'accord qui existe à cet égard entre les nomenclateurs.

Un certain nombre d'espèces sont cultivées comme végétaux d'utilité industrielle ou d'ornement

Nous n'avons à nous occuper ici que du petit nombre de Saules qui constituent de véritables arbres, la plupart des espèces de ce genre étant des arbrisseaux ou des arbustes. Nous les diviserons en deux groupes, d'après la forme des feuilles et l'époque relative de l'apparition des fleurs, caractères peu importants au point de vue purement botanique, mais qui ont l'avantage d'être très-faciles à observer. Nous appellerons *marceaux*, les Saules à feuilles ovales et paraissant après les fleurs; *osiers*, les espèces à feuilles lancéolées et se développant en même temps que les chatons floraux.

I. — SAULES MARCEAUX.

Le Saule Marceau (*S. Capræa*) (Fig. 20), appelé aussi

Marsaude ou *Boursault*, est un arbre de 12 à 15 mètres, à feuilles ovales ou oblongues, rugueuses, entières ou crénelées, glabres et luisantes en dessus, blanchâtres et tomenteuses en dessous. Ses chatons, d'un beau jaune d'or, paraissent au premier printemps. On possède des variétés à rameaux pendants, à feuilles dentées comme

Fig. 20. Saule Marceau.

celles de l'orme, ou panachées de jaune. Cette espèce est très-commune dans nos bois, où on l'exploite en taillis. Elle a le précieux avantage de croître dans les terrains secs et crayeux.

Le Saule cendré (*S. cinerea*) diffère du précédent par sa taille deux fois plus petite, ses feuilles plus longues, finement pubescentes en dessus, pubescentes et d'un vert cendré en dessous ; ses chatons sont aussi un peu plus longs. Il présente une belle variété à feuilles panachées de jaune et de rouge.

Le Saule daphné (*S. daphnoïdes*), vulgairement *Saule à bois bleu*, atteint 10 à 12 mètres. Il se rattache à ce groupe par ses fleurs précoces. et au suivant par ses feuilles lancéolées, dentées, glabres,

Fig. 21. Saule blanc.

fermes, très-vertes et luisantes en dessus, un peu cendrées et glauques en dessous. Ses chatons sont allongés.

II. — SAULES OSIERS.

Le Saule blanc (*S. alba*) (Fig. 21) est la plus grande espèce du genre ; il dépasse quelquefois 25 mètres ; ses rameaux grisâtres portent des feuilles lancéolées, aiguës, finement dentées, blanches et soyeuses au moins en dessous. Il présente une variété (*Saule argenté*), à feuilles presque persistantes, et couvertes de poils blancs soyeux sur les deux faces ; d'autres à feuilles glauques en dessous, ou panachées de jaune et de blanc. Cette espèce, très-belle quand on la laisse croître en futaie,

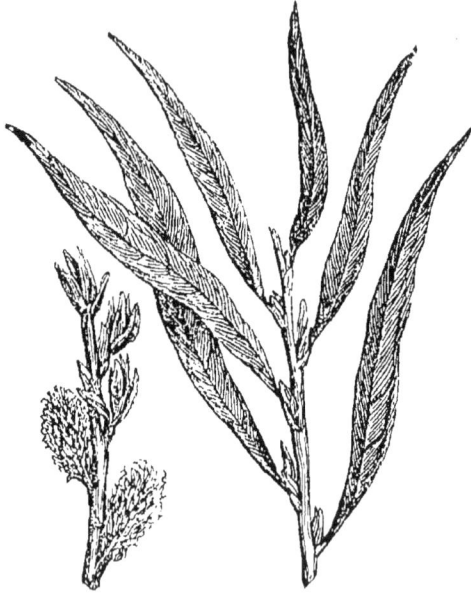

Fig. 22. Saule osier jaune.

est commune le long des cours d'eau et des fossés, où on l'exploite ordinairement en têtards.

Le Saule osier jaune (*S. vitellina*) ressemble beaucoup au précédent, dont il n'est peut-être qu'une simple variété. Il s'en distingue par ses rameaux et ses jeunes branches à écorce lisse et luisante, d'un beau jaune orangé (Fig. 22).

Le Saule amandier (*S. amygdalina*) est un arbre de 10 à 15 mètres, à rameaux effilés et flexibles, portant des feuilles oblongues ou lancéolées, finement dentées, glabres, vertes et luisantes en dessus, plus pâles en dessous. Cette espèce croît au bord des eaux, et refleurit souvent à l'automne. Elle présente une variété à feuilles glauques en dessous.

Le Saule pentandre (*S. pentandra*) atteint la taille du précédent ; ses feuilles, ovales, lancéolées, très-grandes, dentées, luisantes et d'un beau vert en dessus, plus pâles en dessous, rappellent assez celles du laurier. Il présente des variétés à feuilles panachées de blanc ou de jaune.

Le Saule fragile (*S. fragilis*) est un arbre de 10 à 12 mètres, à rameaux flexibles, mais cassants au point d'insertion, portant des feuilles oblongues, lancéolées, longuement acuminées, dentées, vertes et luisantes en dessus, pubescentes et un peu glauques en dessous. Il croît au bord des eaux.

Le Saule de la Caroline (*S. Caroliniana*), vulgairement *Saule noir*, est un petit arbre de 6 à 7 mètres, à tige couverte d'une écorce rude et noire, à feuilles étroites, lancéolées, dentées, glabres, d'un vert également vif sur les deux faces.

Le Saule pleureur (*S. Babylonica*) est un arbre de 10 à 15 mètres, à rameaux très-longs, flexibles et pendants, portant des feuilles longues, lancéolées ou presque linéaires, acuminées, entières ou finement dentées, glabres et d'un beau vert. Il présente des variétés à rameaux rougeâtres ou violacés, à feuilles contournées en anneaux, etc. Cette espèce est originaire d'Orient.

Les Saules sont rustiques, et préfèrent généralement

lés terrains humides ; ils conviennent donc particulièrement pour orner le bord des eaux. On peut les
propager de graines, de marcottes ou de rejetons.

Toutefois la facilité avec laquelle ils se multiplient
de boutures font qu'on n'emploie guère d'autre procédé. Il suffit de couper un rameau ou une branche, de
telle dimension qu'on désire, de les tailler en pointe
par le bout inférieur et de les planter en terre ; ils ne
tarderont pas à s'enraciner. Tous les Saules supportent
parfaitement la taille.

PEUPLIER (*Populus*).

Les Peupliers sont généralement de grands arbres,
à tige droite, à feuilles larges, dont le pétiole aplati la-
téralement donne prise au moindre vent. Il en résulte
une agitation continuelle, qui contribue beaucoup à
l'agrément des plantations. La plupart de ces arbres
ont des graines, ou mieux des fruits, accompagnés
d'un duvet blanc, soyeux, très-abondant.

Ce genre renferme une quarantaine d'espèces, dont
quelques-unes habitent l'Europe, mais qui sont répandues surtout dans les régions tempérées de l'Amérique
du nord.

I. — PEUPLIERS DE L'ANCIEN CONTINENT.

Le Peuplier blanc (*P. alba*), vulgairement *Blanc de
Hollande* ou *Ypréau*, est un arbre de 25 à 30 mètres, à
écorce blanchâtre, fendillée sur les vieux sujets. Ses
rameaux nombreux, formant une cime ample et étalée,
portent des feuilles longuement pétiolées, ovales-arrondies, sinuées, dentées ou crénelées, d'un vert très-foncé
en dessus, blanchâtres et cotonneuses en dessous.

Cette espèce, qui croît dans nos bois, présente des

variétés à feuilles anguleuses, à cinq lobes, à rameaux et feuilles couverts d'un duvet blanc argenté, etc. Elle est abondamment répandue le long des chemins et des cours d'eau.

Le Peuplier grisard *(P. canescens)*, vulgairement *Grisaille*, est regardé par plusieurs auteurs comme une

Fig. 23. Peuplier grisard.

simple variété de l'espèce précédente, par d'autres comme un hybride entre le Peuplier blanc et le Peuplier tremble. Il est en effet intermédiaire entre ces deux espèces. Il forme un arbre de 20 à 25 mètres, à feuilles sinuées, grisâtres en dessous (Fig. 23).

Le Peuplier tremble *(P. tremula)* est un arbre de 15 à 20 mètres, à feuilles longuement pétiolées et très mobiles, arrondies ou à trois angles mousses, sinuées, dentées, d'un vert clair en dessus, plus pâles en dessous. Il croît dans les bois, et présente des variétés à rameaux pendants et à petites feuilles.

Le Peuplier pyramidal *(P. fastigiata)*, vulgairement *Peuplier d'Italie*, est un bel arbre de 30 à 40 mètres, regardé par les auteurs comme une simple variété de l'espèce suivante. Ses rameaux dressés forment une cime pyramidale et étroite, qui présente l'aspect d'une colonne. Ils portent des feuilles grandes, plus larges que longues, triangulaires, acuminées, presque tronquées à la base, crénelées ou dentées, d'un beau vert. Cet arbre, originaire du midi de l'Europe, n'est connu dans nos cultures que par des individus mâles. Il présente une variété à rameaux grêles, flexibles et jaunâtres.

Le Peuplier noir *(P. nigra)*, vulgairement *Peuplier franc*, est un arbre de 25 à 30 mètres, à rameaux étalés, à tige couverte d'une écorce noire et crevassée ; ses feuilles sont ovales-arrondies, acuminées, dentées, glabres, luisantes et presque également vertes sur leurs deux faces. Ses bourgeons sont visqueux.

Le Peuplier à feuilles de Laurier *(P. laurifolia)* est un grand arbre à rameaux anguleux, à feuilles grandes, ovales ou oblongues, cordées à la base, acuminées, dentées, à peine pubescentes, blanchâtres en dessous. Il est originaire de l'Altaï, et on le trouve aussi, dit-on, sur le bord des rivières, en Sibérie.

Le Peuplier odorant *(P. suaveolens)* est un petit arbre à rameaux fastigiés, portant des feuilles ovales-lancéolées, denticulées, glauques et réticulées en dessous. Cette espèce, originaire de la Sibérie, est remarquable par l'odeur balsamique qu'elle exhale.

Le Peuplier à feuilles de saule *(P. viminalis)*, vulgairement *Peuplier osier*, est un arbre de 10 à 15 mètres, à feuilles ovales-oblongues, étroites, inégalement dentées, glabres, vert foncé en dessus, glauques en dessous. Ses bourgeons sont odorants. Cette espèce est originaire de l'Altaï.

II. — PEUPLIERS DU NOUVEAU CONTINENT.

Le Peuplier d'Athènes ou faux-tremble *(P. tremuloïdes, P. Græca)* est un arbre de 10 à 15 mètres, à feuilles longuement pétiolées, arrondies, acuminées, un peu tronquées ou cordiformes à la base, dentées, légèrement pubescentes. Il croît dans l'Amérique du Nord, et non en Grèce, comme on pourrait le croire ; il présente des variétés à branches horizontales, à rameaux pendants ou à feuilles glabres.

Le Peuplier à grandes dents *(P. grandidentata)* atteint 10 à 15 mètres ; ses feuilles sont grandes, longues, ovales, aiguës profondément dentées, pubescentes dans le jeune âge, glabres à l'état adulte. Il croît aux États-Unis.

Le Peuplier de la Caroline *(P. angulata, P. heterophylla)* est un arbre de 20 à 25 mètres, à rameaux olivâtres, fortement anguleux, subéreux sur les angles, portant des feuilles très-grandes, plus larges que longues, cordées à la base, dentées, à nervures saillantes, la médiane rougeâtre.

Le Peuplier du Canada *(P. Canadensis)* est un arbre de 20 à 25 mètres, à écorce brunâtre, à rameaux gros et anguleux, portant des feuilles très-larges, triangulaires, tronquées ou cordiformes à la base, acuminées, dentées, glabres, portées sur de longs pétioles jaune-rougeâtre et glanduleux.

Le Peuplier de Virginie *(P. monilifera)* (Fig. 24), plus connu sous le nom impropre de *Peuplier Suisse*, ressemble beaucoup au précédent. Il s'en distingue par sa taille plus élevée, sa tige ordinairement flexueuse, ses rameaux à peine anguleux, ses feuilles beaucoup plus grandes, à pétiole d'un rouge vif. Il présente des va-

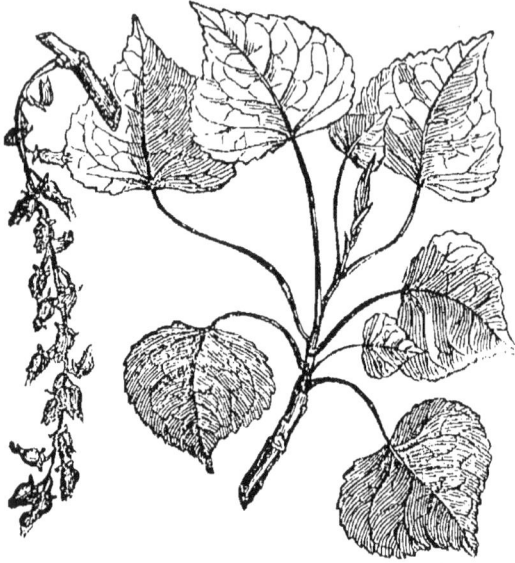

Fig. 24. Peuplier de Virginie.

riétés à rameaux dressés ou réfléchis, à feuilles plus grandes, plus vertes et ondulées.

Le Peuplier argenté *(P. heterophylla)* est un arbre de 20 à 25 mètres, à feuilles très-grandes, cordiformes, finement dentées, blanches et cotonneuses en dessous.

Le Peuplier de la baie d'Hudson *(P. Hudsonica)*, appelé aussi *Peuplier à feuilles de bouleau*, ressemble beaucoup à notre Peuplier d'Italie; il s'en distingue par ses boutons plus longs, ses feuilles plus grandes et acuminées.

Le Peuplier du lac Ontario *(P. candicans)* est un arbre de 15 à 20 mètres, à écorce verdâtre et lisse, à rameaux étalés, à bourgeons résineux et odorants ; ses feuilles sont grandes, cordiformes, très-larges, acuminées,

Fig. 25. Peuplier baumier.

dentées et ciliées, d'un beau vert foncé en dessus, blanchâtres ou glauques en dessous, à pétiole pubescent. Cette espèce est originaire du Canada.

Le Peuplier baumier *(P. balsamifera)* (Fig. 25), vulgairement *Peuplier liard* ou *Tacamahac*, est un arbre de 20 à 25 mètres, à écorce gris-brunâtre, à bourgeons longs et pointus, jaunâtres, résineux et aromatiques ;

ses rameaux cylindriques portent des feuilles ovales, acuminées, fermes, dentées, d'un vert olivâtre en dessus, blanc grisâtre marqué de taches ferrugineuses en dessous. Originaire du Canada, il présente des variétés à rameaux épais ou grêles, à feuilles très-larges, ovales-allongées ou lancéolées. Il est très-aromatique. Ces deux dernières espèces sont un peu délicates pour les climats du nord.

Les Peupliers sont généralement rustiques ; toutefois les espèces exotiques, dont les rameaux sont cassants, veulent être abrités contre les grands vents, auxquels leur large cime donne beaucoup de prise. Ils aiment les terrains frais, ou même humides, et conviennent très-bien aux bords des eaux.

On les multiplie facilement par boutures, faites surtout avec de vigoureux rameaux de deux ans. Nos espèces indigènes se propagent par plançons, comme les saules. Les peupliers argenté et d'Athènes doivent être multipliés de préférence par la greffe sur les espèces voisines.

Les Peupliers, à quelque place qu'on les mette, font toujours un bel effet dans les jardins. Leurs grandes dimensions, l'élégance de leur port, la régularité de leur tige et de leur cime, la beauté et l'ampleur de leur feuillage les recommandent aux amateurs. On les cultive surtout comme arbres de ligne, soit dans les avenues, soit au bord des ruisseaux et des fossés. Cependant les espèces exotiques rares ou délicates, et même les essences indigènes qui présentent un port particulier, comme le Peuplier d'Italie, gagnent à être plantées isolément, ou bien par petits groupes, au milieu ou sur le bord des pelouses.

XXXI. — CUPULIFÈRES.

CHÊNE (*Quercus*).

Les Chênes sont des arbres, généralement de grande taille, à feuilles pennées, diversement découpées. Les fleurs mâles sont réunies en chatons pendants. Le fruit est un gland, dont la base est plus ou moins enfoncée dans une cupule écailleuse.

Fig. 26. Chêne pédonculé.

Ce genre comprend un grand nombre d'espèces, qui croissent surtout dans les régions tempérées de l'hémisphère nord. Elles jouent un grand rôle dans la végétation forestière ; mais la plupart se recommandent aussi comme arbres d'ornement.

I. — CHÊNES DE L'ANCIEN CONTINENT, A FEUILLES CADUQUES.

Le Chêne pédonculé (*Q. pedunculata*) (Fig. 26) est un arbre qui peut atteindre 30 à 35 mètres; sa cime rameuse porte des feuilles presque sessiles, oblongues ou obovales, sinuées, à lobes arrondis et obtus, glabres, coriaces ; les glands sont groupés, par deux à quatre, rarement solitaires, sur de longs pédoncules pendants. (Fig. 26).

Cette espèce croit dans les forêts de l'Europe centrale ; elle présente de nombreuses variétés dans la forme, la grandeur, la découpure et la couleur du feuillage.

Les feuilles, en effet, peuvent être plus ou moins larges, étroites, lancéolées, linéaires, acuminées, légèrement ondulées sur les bords ou à lobes échancrés, recourbées en cuiller ou en capuchon, découpées en lobes très étroits et imitant les feuilles de diverses fougères ; souvent elles affectent les formes et les découpures les plus diverses, même sur un seul individu.

Quant à la couleur, on possède des variétés à feuilles dorées, panachées de blanc ou de jaune, bordées et maculées de blanc, ou bien pourpre noirâtre, ou bien encore élégamment marbrées de blanc, de jaune et de rouge.

Le Chêne à glands sessiles (*Q. sessiliflora*), vulgairement *Chêne rouvre*, regardé par quelques auteurs comme une simple variété du précédent, s'en distingue par ses feuilles assez longuement pétiolées, plus étroites à la base et au sommet, et surtout par ses glands sessiles ou presque sessiles, rarement solitaires, le plus souvent fasciculés en petit nombre (Fig. 27).

Originaire des mêmes localités que le Chêne pédonculé, il présente des variétés à feuilles larges, à lobes peu profonds et arrondis, ou plus petites et à segments profonds, et une autre à feuilles pubescentes, dont on fait quelquefois une espèce distincte.

Le Chêne chevelu (*Q. cerris*), vulgairement *Chêne de Bourgogne*, atteint la taille des précédents ; sa cime est arrondie, à branches inférieures souvent pendantes ;

Fig. 27. Chêne à glands sessiles.

ses feuilles oblongues, plus ou moins profondément découpées, rétrécies à la base, sont glabres et d'un vert foncé en dessus, plus pâles et pubescentes ou cotonneuses en dessous ; sa cupule a des écailles longues et aiguës.

Cette espèce croît dans le midi de l'Europe. Elle présente des variétés à feuilles de formes diverses, oblongues, lancéolées, dentées et comme rongées, d'autres

7

fois laciniées ou presque lyrées, enfin à feuilles panachées de blanc.

Le chêne Tauzin (*Q. tauza*), vulgairement *Chêne noir*
ou *Angoumois,* est un peu moins grand que le précédent ; ses feuilles sont oblongues, profondément découpées, pubescentes en dessus, du moins dans le
jeune âge, velues et blanchâtres en dessous ; ses glands
sont fasciculés. Il croît dans les lieux stériles du midi
et de l'ouest, et présente plusieurs variétés.

Le Chêne pyramidal (*Q. fastigiata*), vulgairement
Chêne cyprès, est un grand arbre à rameaux dressés, à
feuilles allongées, assez minces, brièvement pétiolées.
Son port rappelle celui du Peuplier d'Italie. Il croît
dans les Pyrénées

Le Chêne des Apennins (*Q. Apennina*) est un arbre
d'environ 10 mètres, à feuilles ovales-oblongues, élargies au sommet, fermes, découpées en lobes obtus et
peu profonds, glabres en dessus, velues en dessous,
persistant assez avant dans l'hiver ; ses glands sont
longuement pédonculés. Il croît dans les terrains
arides de l'Italie et du midi de la France.

Le Chêne grec (*Q. æsculus*) est à peu près de la taille
du précédent ; ses feuilles sont ovales-allongées, découpées en segments aigus et profonds, vert sombre
en dessus, velues et cendrées en dessous. Il habite
l'Italie, la Dalmatie et la Grèce.

Le Chêne Vélani (*Q. ægilops*) est un arbre de 25 à
30 mètres, à feuilles grandes, ovales-allongées, épaisses,
coriaces, bordées de grosses dents épineuses, luisantes
en dessous ; ses glands sont courts et profondément
enfoncés dans une grosse cupule à écailles raides et
presque épineuses. Il croît dans la Grèce et dans la
Natolie.

Le Chêne à feuilles de châtaignier (*Q. castanæfolia*) est un grand arbre à feuilles pétiolées, oblongues ou lancéolées, aiguës, dentées en scie et presque épineuses sur les bords, un peu raides, glabres, d'un vert gai et comme lustrées en dessus, d'un vert pâle ou blanchâtres et cotonneuses en dessous. Il croît en Asie mineure et en Perse.

Le Chêne acuminé (*Q. acuminata*) est un grand arbre à feuilles très-larges et profondément découpées. Il est originaire du Népaul, ainsi que les chênes du Népaul (*Q. Nepalensis*), rugueux (*Q. rugosa*), annulé (*Q. annulata*), à feuilles lancéolées (*Q. lancifolia*), etc.

Ces dernières espèces sont de beaux arbres qui s'élèvent bien et végètent vigoureusement, mais qui sont assez délicats pour le climat de Paris et du nord de la France.

II. — CHÊNES DU NOUVEAU CONTINENT, A FEUILLES CADUQUES.

Le Chêne blanc (*Q. alba*) est un arbre de 25 à 30 mètres, couvert d'une écorce blanche souvent tachetée de noir ; il porte des feuilles assez semblables à celles de notre Chêne commun, profondément découpées en lobes oblongs et obtus, rétrécies en coin à la base, rougeâtres en dessus dans leur jeunesse, puis d'un vert tendre et lisses, glauques ou blanchâtres en dessous, prenant enfin une teinte violet clair et restant ainsi sur l'arbre jusqu'à la fin de l'hiver Cette espèce croît aux États-Unis.

Le Chêne aquatique (*Q. aquatica*) atteint 15 à 20 mètres ; ses feuilles sont grandes, cunéiformes, trilobées, plus ou moins sinuées sur les bords ; ses glands sont petits et presque globuleux. Il croît dans les terrains marécageux du midi des États-Unis, et résisterait mal aux hivers du nord de la France.

Le Chêne de Castesby (*Q. Catesbœi*) est un arbre de 12 à 15 mètres, à écorce noire et crevassée; ses feuilles sont oblongues ou presque palmées, profondément divisées en lobes très-aigus et mucronés; le gland, presque globuleux, est renfermé dans une grosse cupule. Il croît dans le sud des États-Unis.

Le Chêne écarlate *(Q. coccinea)* est un arbre de première grandeur; ses feuilles sont oblongues, glabres, longuement pétiolées, profondément divisées en lobes divariqués; elles prennent, à l'automne, une teinte d'un rouge vif. Cette espèce croît dans le Nord des États-Unis et au Canada.

Le Chêne rouge (*Q. rubra*) est de la taille du précédent; ses feuilles sont grandes, oblongues, glabres, longuement pétiolées, profondément divisées en sept ou neuf lobes mucronés; elles rougissent aussi à l'automne. Cet arbre croît dans les mêmes régions que le Chêne écarlate.

Le Chêne falqué (*Q. falcata*) est un grand arbre à feuilles oblongues, longuement pétiolées, cunéiformes et trilobées sur les jeunes pieds, en général profondément pinnatifides, à cinq ou sept lobes lancéolés, entiers, arqués, acuminés et mucronés. Il croît dans les régions chaudes des États-Unis.

Le Chêne lyré (*Q. lyrata*) est un grand arbre à écorce blanchâtre, à feuilles brièvement pétiolées, obovales ou oblongues, sinuées et presque lyrées, à lobes supérieurs beaucoup plus grands; elles sont glabres et d'un vert clair. Il croît dans le Sud des États-Unis, et ne supporte pas les hivers du nord de la France.

Le Chêne à gros fruits (*Q. macrocarpa*) est un arbre

de 20 à 25 mètres, à jeunes rameaux subéreux, à feuilles grandes, oblongues, profondément sinuées ou découpées en lobes inégaux obtus, glabres et d'un vert
foncé en dessus, pubescentes ou cotonneuses en dessous;
ses glands sont ovoïdes, très-gros, à cupule garnie de
filaments déliés. Il croît dans l'Amérique du Nord.

Le Chêne noir (*Q. nigra*) atteint environ 10 mètres;
son tronc est tortueux, à écorce brune; ses feuilles
sont grandes, coriaces, cunéiformes, élargies au sommet, ferrugineuses en dessous. Il est originaire des
États-Unis, et supporte mal nos hivers du nord

Le Chêne olive (*Q. olivæformis*) est un arbre de 20 à
25 mètres, à feuilles oblongues, glabres, glauques en
dessous, si profondément découpées qu'elles simulent
presque des feuilles composées; les glands sont ovoïdes,
enfoncés dans une cupule garnie de longs filaments.
Il croît dans l'Amérique du nord.

Le Chêne des marais (*Q. palustris*) atteint 35 à 40
mètres; sa cime est pyramidale ; ses feuilles laciniées,
longuement pétiolées, luisantes et d'un beau vert en
dessus, un peu pubescentes en dessous, deviennent d'un
rouge orangé à l'automne. Il croît dans les lieux humides des États-Unis et du Canada.

Le Chêne saule (*Q. phellos*) est un arbre de 25 mètres,
à écorce lisse ou à peine crevassée; ses feuilles sont
presque sessiles, oblongues, lancéolées ou linéaires,
dentées ou à peine lobées sur les jeunes pieds, entières
sur les individus adultes, glabres, d'un vert gai et luisantes en dessus, pâles en dessous. Les glands sont
petits, arrondis, brun noirâtre, à cupule mince.

Cette espèce, originaire du sud des États-Unis, a
produit des variétés à feuilles plus grandes, obovales,
plus rapprochées (*Q. imbricaria*, Chêne à lattes), ou à

feuilles blanches en dessous et rouges au printemps (*Q. cinerea*, Chêne cendré).

Le Chêne prin (*Q. prinus*) est un arbre de 20 à 30 mètres, à feuilles ovales, élargies au sommet, largement dentées, glabres, glauques ou blanchâtres en dessous; ses glands sont ovoïdes et comestibles. Il croît dans les marais du sud des États-Unis.

Cette espèce présente quelques variétés, dont les principales sont : le Chêne bicolore (*Q. bicolor*), à feuilles divisées en lobes inégaux et plus profonds, blanchâtres en dessous; le Chêne châtaignier (*Q. castanea*), à feuilles oblongues lancéolées, à dents aiguës, cotonneuses en dessous; le Chêne de montagne (*Q. montana*), à feuilles obovales-aiguës, dentées, cotonneuses en dessous ; etc.

Le Chêne tinctorial (*Q. tinctoria*), vulgairement *Quercitron*, est un arbre de 25 à 30 mètres, à écorce noire et crevassée, à feuilles ovales-oblongues, divisées en lobes anguleux et mucronés, pubescentes en dessous, devenant jaunes ou rouges a l'automne. Il croît aux États-Unis.

Le Chêne étoilé (*Q. stellata*) atteint 15 à 20 mètres ; ses feuilles sont oblongues, à cinq lobes, pubescentes en dessous; ses glands sont ovoïdes. Il croît aussi aux États-Unis.

On peut citer encore les Chênes de Garry (*Q. Garryana*), à feuilles lobées (*Q. lobata*), du Mexique (*Q. Mexicana*), etc.

III. — CHÊNES A FEUILLES PERSISTANTES.

Les Chênes de cette section, vulgairement appelés *Chênes verts*, forment un groupe très-naturel, caractérisé non-seulement par des feuilles persistantes et le plus souvent épineuses, mais encore par des dimensions plus petites, des tiges moins droites, des stations plus méridionales, un tempérament plus délicat. Nous trouvons ici un assez grand nombre d'espèces, et surtout de variétés, souvent difficiles à distinguer. Presque tous ces arbres appartiennent aux régions tempérées de l'ancien continent, notamment au bassin Méditerranéen.

Le Chêne vert proprement dit (*Q. ilex*), vulgairement *Yeuse*, est un arbre de 10 à 15 mètres, à tige tortueuse, très-rameuse, à cime arrondie, portant des feuilles ovales, fermes, coriaces, dentées et épineuses sur les bords, luisantes et d'un beau vert foncé en dessus; les glands sont petits.

Cet arbre, qui croît dans le midi de l'Europe, présente de nombreuses variétés, surtout dans la grandeur et la forme des feuilles, qui sont larges ou étroites, entières, découpées ou ondulées. Il en est une à rameaux fastigiés, le Chêne de Fordes (*Q. Fordii*) qui reste souvent à l'état d'arbrisseau (V. *Arbrisseaux*).

Le Chêne de Grammont (*Q. Gramuntia*) ressemble beaucoup au précédent; il s'en distingue par sa taille un peu plus petite, ses feuilles aussi plus petites, presque rondes, ondulées, très-velues, épineuses seulement dans la jeunesse de l'arbre; ses glands sont pédonculés et ordinairement géminés. Il croît aussi dans le midi de l'Europe.

Le Chêne à glands doux (*Q. ballota*) est encore très-voisin du Chêne yeuse; ses feuilles sont ovales, entières ou dentées, velues en dessous; ses glands, très-longs et bons à manger. Il croît dans le midi de l'Europe et le nord de l'Afrique.

Le Chêne Zang (*Q. Mirbeckii*) est un grand arbre à feuilles oblongues ou lancéolées, crénelées ou lobées, d'un vert foncé en dessus, glauques et pubescentes en dessous; ses glands sont allongés et sessiles. Originaire de l'Algérie, il est assez délicat pour le climat de Paris.

Le Chêne-liège (*Q. suber*) (fig. 28), vulgairement

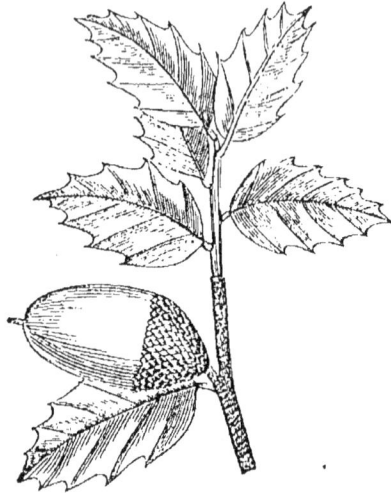

Fig. 28. Chêne-liège.

Alcornoque, ressemble beaucoup, par le port et le feuillage, au Chêne yeuse; il s'en distingue par son écorce très-épaisse et subéreuse. Il croît dans la région Méditerranéenne, et présente quelques variétés à feuilles larges ou étroites.

Le Chêne verdoyant (*Q. virens*), vulgairement *Chêne vert de la Caroline*, est un arbre de 15 à 16 mètres, à cime très-large, à feuilles ovales, oblongues ou lancéolées, obtuses, dentées dans leur jeunesse, plus tard

entières, coriaces, d'un vert sombre en dessus, glauques en dessous; le gland est oblong, pédonculé, à
cupule turbinée.

Cette espèce croît sur les bords de la mer, dans les
provinces méridionales des États-Unis. Elle peut
croître en France, sur le littoral de la Méditerranée et
même de l'Océan; mais elle ne supporterait pas les
hivers du Nord.

Sauf les exceptions que nous avons signalées en passant, les Chênes sont rustiques, et peuvent croître dans
presque toute l'étendue de notre territoire. Ce sont des
arbres des climats tempérés, assez sensibles aux extrêmes de température. En général, ils craignent surtout l'humidité stagnante.

Peu difficiles sur la nature et la richesse du sol, ils
préfèrent néanmoins les terrains siliceux, meubles,
assez profonds pour qu'ils puissent y développer leurs
racines longuement pivotantes. Quelques espèces se
plaisent dans les terrains très-humides, et sont naturellement appelées à orner le bord des eaux.

Les Chênes sont cultivés surtout en forêts; ils méritent toutefois de figurer dans les plantations d'agrément. Les espèces Américaines et celles dont le feuillage est persistant se recommandent particulièrement à
cet égard.

On les propage ordinairement de graines, récoltées
aussitôt après la maturité, et stratifiées durant l'hiver.
Le semis, fait au printemps, lève au bout d'un mois
environ.

Le semis en place est plus avantageux. Toutefois, vu
la lenteur de la croissance des jeunes plants, on sème
souvent en pépinière, pour repiquer au bout de deux
ans.

7.

Tous les Chênes verts exigent en général beaucoup de soins, sous le climat de Paris, où souvent ils ont à souffrir des hivers rigoureux. Là surtout il faudra choisir un terrain sec et sablonneux, tandis que dans le midi les terrains frais sont préférables. Autant que possible on doit semer sur place, car ils supportent mal la transplantation.

Toutefois, sous les climats du nord, il est bon de semer en pots, ou mieux en terrines, qu'on met sur couche et sous châssis, pour les rentrer en orangerie durant l'hiver. Au bout de deux ans, on repique les plants en pots remplis de terre légère.

On peut employer le marcottage des jeunes rameaux de l'année précédente pour multiplier les Chênes verts, ainsi que les espèces exotiques ou rares. Ces dernières, de même que les variétés nettement tranchées, se propagent encore par la greffe en fente sur des espèces voisines. Enfin le bouturage est usité dans les mêmes cas; mais il présente quelques difficultés.

D'ailleurs il faut toujours préférer le semis, si l'on veut avoir des arbres vigoureux, d'une belle forme et d'une longue durée. Mais il ne faudra pas attendre trop longtemps pour s'occuper de la plantation à demeure.

HÊTRE (*Fagus*).

Le Hêtre des bois (*F. sylvatica*), vulgairement *Fau* ou *Fayard*, est un arbre qui atteint la hauteur de 40 mètres; sa tige, droite et régulière, couverte d'une écorce lisse et d'un gris clair, se termine par une cime arrondie, à rameaux nombreux, portant des feuilles ovales ou oblongues, acuminées, entières, sinuées ou dentées, ciliées sur les bords, glabres, minces, coria-

Fig. 29. Hêtre des bois.

ces, d'un vert clair, brillant et presque uniforme sur les deux faces. Le fruit (*faîne*) est une amande trigone, renfermée dans une cupule ou enveloppe hérissée de pointes courtes et dures (Fig. 29).

Fig. 30. Hêtre à feuilles polymorphes.

Le Hêtre se trouve dans les forêts de l'Europe, où il forme souvent des massifs considérables. Il présente de nombreuses variétés : à rameaux pendants, à feuilles très-grandes, dentées, ondulées, crispées, incisées, laciniées et simulant des frondes de fougères, à feuilles vert rougeâtre, rouge vif ou foncé, pourpres, cuivrées, panachées de blanc ou de jaune, de rouge vif ou de rouge cuivré, d'un vert plus pâle, etc.

Le Hêtre d'Amérique (*F. Americana*) n'en diffère guère que par ses feuilles très-polymorphes, arrondies, ovales ou lancéolées, quelquefois échancrées en cœur à la base (Fig. 30).

Le Hêtre ferrugineux *(F. ferruginea)* paraît être une simple variété du précédent, à feuilles plus largement dentées, plus velues et couleur de rouille. Il croît dans l'Amérique du nord.

Nous citerons encore le Hêtre antarctique *(F. antarctica)*, qui croît sur les bords du détroit de Magellan.

Les Hêtres sont rustiques, et préfèrent les sols argilo-siliceux. On les multiplie de graines, semées à l'automne, en rigoles, ou stratifiées en hiver et semées au printemps. On les propage encore de boutures, de marcottes ou de greffes. Ce sont de magnifiques arbres d'ornement.

CHATAIGNIER *(Castanea)*.

Le Châtaignier commun *(C. vesca)* est un arbre de première grandeur, à tige souvent énorme, couverte d'une écorce rugueuse et noirâtre. Ses feuilles sont très-grandes, oblongues lancéolées, dentées, coriaces, glabres, luisantes et d'un beau vert. Ses fleurs mâles sont disposées en longs chatons dressés. Son fruit est renfermé dans une cupule globuleuse, couverte d'épines subulées.

Le Châtaignier est indigène dans les forêts de l'Europe, où il forme souvent des massifs considérables. Il est surtout cultivé comme arbre forestier ou fruitier.

Cette espèce a produit plusieurs variétés ornementales, à feuilles capuchonnées ou crépues, arrondies, dissemblables dans leur contour, plus ou moins profondément découpées, sinueuses ou comme rongées, quelquefois réduites presque aux nervures, maculées ou panachées de blanc ou de jaune, etc.

Le Châtaignier d'Amérique *(C. Americana)* est regardé par plusieurs auteurs comme une simple variété du précédent ; il s'en distingue par son port, ses feuilles proportionnellement plus larges, d'un vert plus intense et plus brillant, ses fruits plus petits et velus au sommet, etc. Il croît aux États-Unis.

Le Châtaignier à feuilles dorées *(C. chrysophylla)* peut atteindre la taille de 20 ou 25 mètres ; ses feuilles sont assez petites, ovales, oblongues, acuminées, entières, glabres, coriaces, d'un beau vert foncé en dessus, revêtues en dessous d'une couche de très-petites écailles serrées, comme farineuses et d'un jaune d'or ; toute la feuille prend d'ailleurs cette teinte à l'arrière-saison. Cette espèce est originaire de l'Orégon et de la Californie.

Le Châtaignier nain *(C. pumila)*, vulgairement *Chincapin*, ne dépasse pas 5 à 6 mètres, et reste le plus souvent à l'état d'arbrisseau ; nous ne faisons que le rappeler *(V. Arbrisseaux et Arbustes)*.

Les Châtaigniers sont des arbres rustiques, et peuvent croître à peu près partout en France ; ils préfèrent toutefois les climats tempérés et supportent mal les froids rigoureux ; les grandes gelées leur sont funestes. Ils aiment les expositions découvertes, les altitudes moyennes, les coteaux exposés au levant ou au couchant. Ils viennent mal sur les grandes hauteurs, dans les plaines humides ou aux expositions du nord et du midi.

Les sols légers, meubles, profonds et substantiels leur conviennent particulièrement. Dans les terres un peu humides, ils végètent avec beaucoup de vigueur.

On les propage de graines, récoltées aussitôt après maturité, stratifiées en hiver et semées au printemps. On repique les jeunes plants en pépinière, au bout de deux ans. La plantation à demeure doit se faire vers l'âge de trois à cinq ans ; plus tard la reprise offrirait quelques difficultés. On opère au printemps, dans le nord, et à l'automne, dans le midi.

Les Châtaigniers peuvent aussi se multiplier par marcottes ; ce procédé s'applique surtout aux variétés ornementales et aux espèces exotiques, qu'on peut encore d'ailleurs propager par la greffe en fente sur le type ordinaire.

Charme (*Carpinus*).

Le Charme commun *(C. betulus)*, vulgairement *Charmille*, est un arbre de 10 à 15 mètres, à tige irrégulière et comme cannelée, couverte d'une écorce gris clair. Ses rameaux nombreux, formant une cime épaisse, portent des feuilles ovales, acuminées, doublement dentées, glabres et d'un vert gai en dessus, pâles en dessous. Les fleurs mâles sont en chatons cylindriques compactes. Le fruit est à moitié renfermé dans un involucre unilatéral, en forme de bractée foliacée à trois lobes, d'un vert pâle ou jaunâtre.

Cet arbre croît dans les forêts de l'Europe. Il présente des variétés à rameaux pendants, à feuilles profondément dentées ou lobées, rouge foncé, panachées de jaune ou de blanc, etc.

Le Charme d'Amérique *(C. Americana)* diffère du

précédent par sa taille plus petite, ses feuilles ovales oblongues, glabres ou à peu près, à dents simples et plus aiguës, à pétiole plus ou moins velu. Il croît aux États-Unis.

Le Charme d'Orient *(C. orientalis)* a des rameaux généralement plus minces, des feuilles petites et très-élégantes. Il est encore peu répandu chez nous.

Les Charmes sont des arbres rustiques ; mais ils préfèrent les régions tempérées, les plaines ou les altitudes moyennes. Ils croissent à toute exposition. Peu difficiles sur les sols, ils végètent mieux dans les terres argilo-siliceuses ou graveleuses, assez meubles, fraîches, profondes et riches en humus.

On les multiplie de graines, semées à l'automne ou au printemps, ou par la greffe sur le type ordinaire. Ils supportent très-bien la taille, ce qui, joint à leur feuillage épais, les fait rechercher pour faire des haies vives, des palissades, des brise-vents, et surtout des *charmilles*.

OSTRYER *(Ostrya)*.

L'Ostryer commun *(O. vulgaris)*, plus connu sous le nom de *Charme-houblon*, est un arbre de 15 à 18 mètres, à feuilles ovales, oblongues ou lancéolées, doublement dentées, acuminées, cordiformes ou arrondies à la base, glabres et d'un vert gai en dessus, pubescentes en dessous. Ses fruits nombreux et rapprochés sont accompagnés d'involucres foliacés et imbriqués, dont la réunion constitue une sorte de cône assez semblable à celui des houblons. Cette espèce croît dans l'Europe méridionale, et surtout en Italie.

L'Ostryer de Virginie *(O. Virginica)* ressemble beaucoup au précédent ; il s'en distingue par sa taille un peu plus élevée, ses feuilles polymorphes, ovales-lancéolées, mais moins profondément dentées, plus velues, et par ses cônes plus gros. Il croît aux États-Unis et au Canada.

Les Ostryers sont souvent confondus avec les Charmes, dont ils ne se distinguent guère que par leurs fruits. Ils servent aux mêmes usages horticoles. On les propage

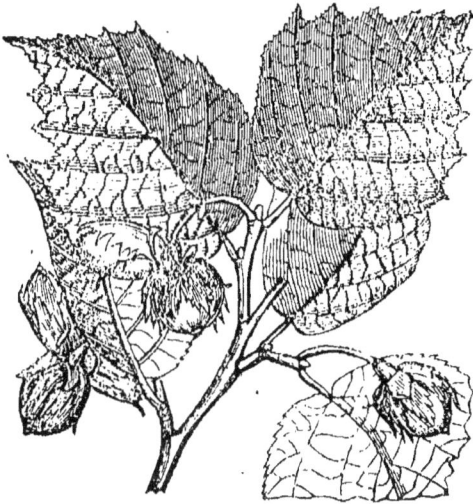

Fig. 31. Noisetier commun.

de la même manière, par semis ou par greffe, et aussi par boutures, qui reprennent assez facilement.

NOISETIER (*Corylus*).

Le Noisetier commun (*C. avellana*) (Fig. 31), appelé aussi *Coudrier* ou *Avelinier*, est ordinairement rangé parmi les arbrisseaux; mais il peut affecter la forme arborescente et atteindre la taille de 5 à 6 mètres; ses feuilles sont larges, cordiformes à la base, dentées, pubescentes. Ses fleurs paraissent au premier printemps, avant les feuilles ; les mâles sont disposées en longs chatons pendants ; le fruit est renfermé dans une grande cupule foliacée. Le Noisetier présente des variétés à feuilles pourpres, panachées de jaune ou blanc, sinuées ou laciniées, etc.

Le Noisetier tubuleux (*C. tubulosa*) diffère du précédent par ses fruits plus allongés, sa cupule cylindrique, tubuleuse, à divisions découpées, dentées à l'extrémité, et deux à trois fois plus longues que le fruit. Il présente une variété à feuilles et cupules pourpres ou rouge violacé.

Le Noisetier du Levant (*C. Byzantina*) est un arbre de 15 à 20 mètres, à écorce blanchâtre ; ses feuilles sont grandes, arrondies, cordiformes, luisantes et d'un vert foncé en dessus, pâles et pubescentes en dessous ; le fruit est petit et renfermé dans une cupule très-grande, à divisions contournées.

Le Noisetier commun est très-rustique ; il croît dans tous les sols et à toute exposition ; mais il végète beaucoup mieux dans les terrains légers et frais. On le propage de graines, ou de fruits, semés aussitôt après la maturité, ou mieux au printemps après avoir été stratifiés durant l'hiver. A l'âge de deux ans, on repique les jeunes plants, et vers quatre à cinq ans on peut les planter à demeure.

On le multiplie encore de boutures, de marcottes, de rejetons, de drageons ou de greffes par approche.

Les autres espèces se cultivent de même.

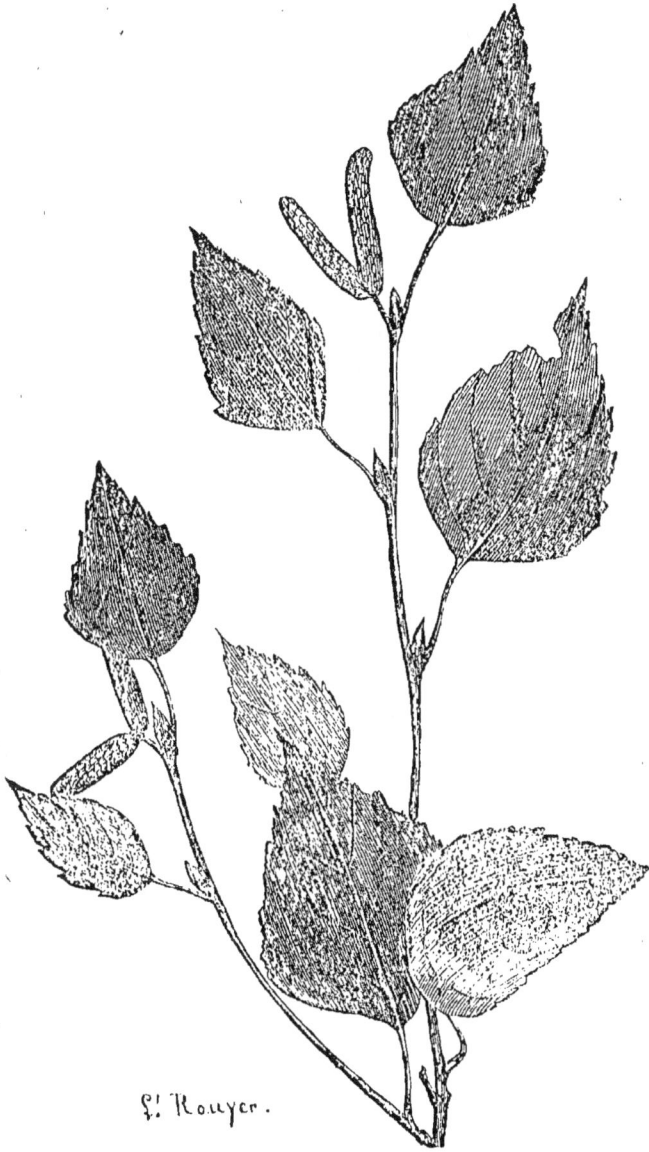

Fig. 32. Bouleau blanc.

XXXII. — BÉTULINÉES.

BOULEAU (*Betula*).

Le Bouleau blanc ou commun (*B. alba*) (Fig. 32),
appelé dans quelques pays *Bouillard*, est un arbre de
15 à 18 mètres, à tige droite, recouverte d'une écorce
blanche et satinée, crevassée sur les vieux pieds. Ses
rameaux grêles, formant une cime lâche, portent des
feuilles rhomboïdales, arrondies ou cordiformes à la
base, acuminées, dentées, d'un vert gai en dessus,
pâles en dessous. Les fleurs sont en chatons. Le fruit
est un petit cône allongé, cylindrique, à écailles étroi-
tement serrées.

Cet arbre croît dans les forêts du centre et du nord
de l'Europe. Il présente de nombreuses variétés, à rameaux dressés, étalés ou pendants, verruqueux ou
pubescents, à feuilles plus ou moins profondément dentées, lobées ou laciniées (Fig. 33), à feuillage panaché
de blanc ou de jaune, etc.

Le Bouleau élevé (*B. excelsa*) est un bel arbre, qui
ressemble beaucoup au Bouleau blanc, surtout à la
variété pubescente ; il s'en distingue par ses feuilles
plus petites, moins aiguës, d'un vert foncé en dessus,
pubescentes en dessous et ciliées sur les bords. Il croît
au Canada.

Le Bouleau rouge (*B. rubra*), vulgairement *Bouleau
noir*, est un arbre de 20 à 25 mètres, à écorce rougeâtre, devenant verte avec l'âge; ses rameaux, longs,
étalés, pendants, portent des feuilles grandes, rhomboïdales ou oblongues, tronquées ou cunéiformes à la
base, inégalement dentées ou sinuées, d'un vert gai en
dessus, plus pâles et pubescentes dans le jeune âge

en dessous. Il croît aux États-Unis, surtout dans le sud.

Le Bouleau à feuilles de peuplier (*B. populifolia*), caractérisé surtout par ses feuilles longuement acuminées, se trouve dans l'Amérique du nord.

Le Bouleau merisier ou odorant (*B. lenta*) est un arbre de 20 à 25 mètres, dont la tige est couverte d'une

Fig. 33. Bouleau à feuilles laciniées.

écorce brune, luisante, odorante, ainsi que les jeunes pousses. Ses feuilles sont ovales ou oblongues, acuminées, arrondies ou cordiformes à la base, doublement dentées, d'un vert gai en dessus, pâles en dessous, pubescentes et comme argentées dans le jeune âge. Il croît aux États-Unis.

Le Bouleau jaune (*B. lutea*) ressemble au précédent par son feuillage; il se distingue par son écorce jaune d'or et comme vernissée. Il habite l'Amérique du nord.

Le Bouleau à papier (*B. papyrifera*), (fig. 34) vulgairement *Bouleau à canot*, est un arbre de 20 mètres à tige couverte d'une écorce papyracée, et à jeunes pousses pubescentes. Ses branches déliées et flexibles portent des feuilles grandes, ovales, cordiformes, acuminées, profondément dentées, d'un vert foncé en dessus, velues en dessous. Il croît aux États-Unis et au Canada, et présente une variété à feuilles très-grandes et d'un vert brillant.

Le Bouleau nain d'Amérique (*B. pumila*) atteint tout au plus 6 à 8 mètres, et reste le plus souvent à l'état de buisson (V. *Arbrisseaux et Arbustes*).

Les Bouleaux sont des arbres très-rustiques, et s'ils craignent quelque chose, c'est l'excès de chaleur; c'est l'essence qui s'avance le plus vers le nord, et s'élève le plus haut sur les montagnes. Ils viennent très-bien à toute exposition, excepté au sud.

Peu exigeants pour le sol, ils préfèrent toutefois les terrains argilo-siliceux, les sables gras et les terrains d'alluvion. On les trouve même assez souvent dans les marais. On peut dire du reste que le Bouleau blanc est susceptible de croître partout.

On les multiplie de graines, semées le plus tôt possible après la récolte, et de préférence en automne.

Il faut éviter de trop ameublir le sol; s'il n'est pas très-compacte ou très-gazonné, on se contentera d'en *gratter* la surface avec un râteau en fer; on répand simplement la graine sur le sol; tout au plus, si le temps est très-sec, se contente-t-on de l'enterrer légèrement avec le râteau ordinaire. Mais il est bon de recouvrir le semis d'une couche de mousse.

Les variétés et les espèces exotiques se propagent

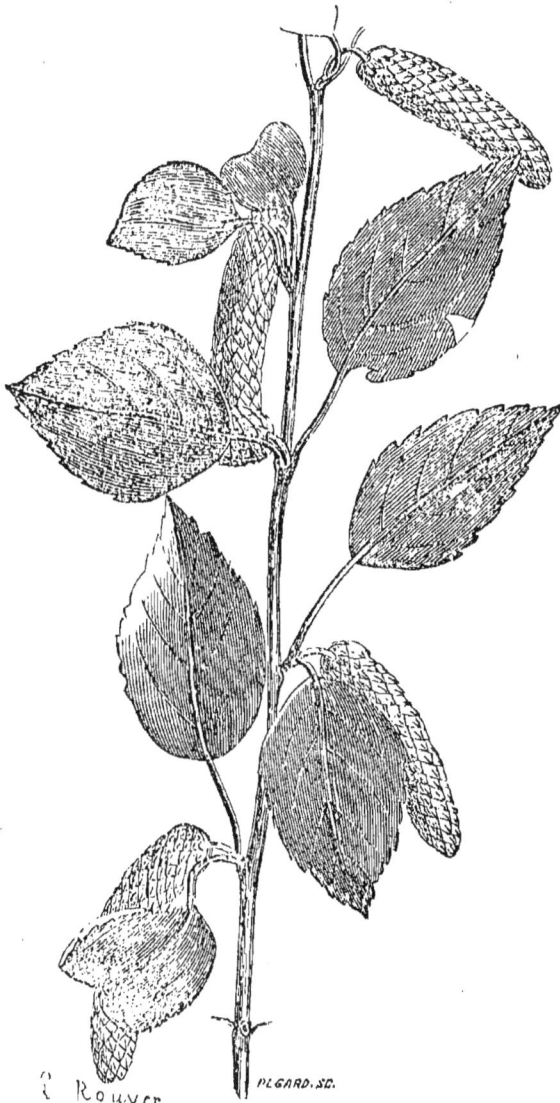

Fig. 34. Bouleau à papier.

par marcottes ou par la greffe en fente sur le Bouleau commun.

On ne doit pas attendre trop longtemps pour transplanter les arbres à demeure, car la reprise offre quelque difficulté.

AUNE (*Alnus*).

L'Aune commun ou glutineux (*A. glutinosa*) (fig. 35) est un arbre qui peut atteindre 25 à 30 mètres; ses feuilles sont larges, arrondies, obtuses, tronquées ou échancrées au sommet, inégalement dentées, luisantes et comme visqueuses, d'un beau vert foncé en dessus, plus pâles en dessous. Les fleurs sont disposées en chatons rougeâtres, et paraissent de très-bonne heure au printemps. Le fruit est une sorte de petit cône ovoïde qui rappelle assez celui de certains arbres résineux.

Cet arbre croît en Europe, dans les parties humides des bois et les terrains marécageux. On le plante souvent au bord des eaux.

L'Aune glutineux a produit plusieurs variétés à feuilles grandes ou petites, ovales ou obovales, aiguës, diversement dentées, sinuées ou lobées, presque lyrées, laciniées ou découpées en lanières étroites et parallèles, comme celles de certaines fougères, ou panachées de blanc ou de jaune.

L'Aune blanchâtre (*A. incana*) est un arbre de 20 à 25 mètres, à écorce blanchâtre et luisante, à feuilles ovales ou arrondies, acuminées, inégalement dentées à dents aiguës, d'un vert foncé, mais non luisantes en dessus, glauques ou grisâtres et pubescentes en dessous. Il présente une variété à feuilles obtuses et co-

E. Rouyer   SARGENT.

Fig. 35. Aune commun.

tonneuses. On le trouve dans les mêmes localités que le précédent.

L'Aune à feuilles en cœur (*A. cordata*) atteint 15 à 20 mètres; son écorce est lisse et d'un gris verdâtre; ses feuilles sont assez grandes, cordiformes, acuminées, finement dentées, glabres, un peu coriaces, luisantes et d'un beau vert foncé en dessus, plus pâles et légèrement pointillées en dessous. Ses cônes sont assez volumineux. Cette espèce très-élégante est du midi de l'Europe.

L'Aune d'Orient (*A. Orientalis*) ressemble beaucoup au précédent, mais il lui est inférieur à tous égards.

L'Aune de Sibérie (*A. Sibirica*) a de grandes feuilles cordiformes à la base et arrondies au sommet.

L'Aune serrulé (*A. serrulata*) est un arbre de 8 à 10 mètres, à jeunes pousses plus ou moins verruqueuses et floconneuses, à feuilles ovales ou obovales, arrondies ou cordées à la base, acuminées, plus rarement obtuses au sommet, inégalement dentées, d'un vert foncé en dessus, pâles, pointillées et couvertes d'un duvet roussâtre sur les nervures, en dessous. Il croît aux États-Unis.

L'Aune vert (*A. viridis*) est un petit arbre à feuilles très-grandes, larges, ovales, glabres, dentelées, d'un beau vert foncé et brillantes en dessus. Il croît sur les montagnes.

Nous citerons encore l'Aune ondulé (*A. undulata*).

Les Aunes sont généralement très-rustiques. L'espèce commune croît depuis le nord de l'Afrique jusqu'en Laponie. Ils s'élèvent assez haut sur les montagnes, et prospèrent même aux expositions les moins chaudes.

Ils se plaisent surtout dans les terres légères, fraîches

ou même très-humides ; mais ils s'accommodent de tous les terrains frais, substantiels et bien divisés. On les plante fréquemment dans les marais et sur les bords des cours d'eau, pour maintenir le sol.

On les propage de graines, rarement semées en place, à cause des difficultés qu'oppose le gazonnement des terres.

Le plus souvent le semis se fait en pépinière, aussitôt après la maturité des graines, sur une planche de terre légère, bien ameublie, dans un endroit frais et ombragé. Le semis, qui doit être assez dru et peu recouvert, lève au printemps. Vers la fin de l'automne, ou dans le courant de l'hiver, on repique les jeunes plants en pépinière. Au bout de trois à quatre ans, les sujets peuvent être mis en place.

On propage aussi les Aunes par boutures, par marcottes, par greffe sur l'espèce commune, enfin par les jeunes plants ou les drageons qu'on trouve abondamment dans les bois.

XXXIII. — MYRICÉES.

CIRIER (*Myrica*).

Le Cirier de la Louisiane (*M. cerifera*) est un petit arbre de 5 à 6 mètres, à tige forte et rameuse, à feuilles lancéolées, légèrement dentées au sommet, raides, d'un vert gai et brillant, un peu jaunâtres en dessus, plus pâles en dessous, persistantes. Les fruits sont de petites baies globuleuses, noir bleuâtre, couvertes d'une efflorescence cireuse, blanc verdâtre. Il peut croître en plein air dans le midi et l'ouest de la France. Il préfère les terrains humides, et se propage de semis, de marcottes et de drageons.

XXXIV. — CASUARINÉES.

FILAO (*Casuarina.*)

Les Filaos sont des arbres d'un port tout particulier, qui les a fait comparer à des Prêles arborescentes. Leurs rameaux nombreux, verticillés, articulés, noueux, striés, sont dépourvus de véritables feuilles, mais présentent à chaque nœud une gaîne courte, à dents nombreuses et striées. Les fleurs sont en chatons. Le fruit est une sorte de cône constitué par la soudure des bractées.

Quelques-uns de ces végétaux croissent dans l'Inde et les îles voisines ; mais le plus grand nombre appartient à l'Australie.

Le Filao à feuilles de prêle (*C. equisetifolia*) est un grand arbre à cime étendue, lâche, rameuse, à rameaux pendants, bruns ou grisâtres, raboteux, à ramules filiformes, articulés ou cannelés. Le cône est ovoïde-arrondi et de la grosseur d'une noisette. Il croît dans l'Inde, à Madagascar et dans les îles de l'Océanie.

Les Filaos subéreux *(C. torulosa)* et quadrivalve (*C. quadrivalvis*), originaires de l'Australie, sont plus petits que le précédent, auquel ils ressemblent d'ailleurs par leurs rameaux grêles et pendants.

Le Filao à rameaux serrés (*C. stricta*) (Fig. 36) est un arbre de moyenne grandeur, à rameaux dressés, à ramules marqués de stries profondes et très-rapprochées ; le cône est ovoïde-cylindrique, à écailles ciliées. Le Filao distyle (*C. distyla*) en est très-voisin. Ces deux espèces croissent en Australie.

La plupart des Filaos peuvent croître dans le midi et dans l'Ouest de la France. Quelques-uns supportent

Fig. 36. Filao à rameaux serrés.

même le climat de Paris, si on leur donne un abri pendant l'hiver. Ils se plaisent dans les sols légers, riches en humus, ou dans la terre de bruyère.

On multiplie ces arbres de graines, semées au printemps, en terrine, sur couche et sous châssis; les jeunes plants sont repiqués en pots l'année suivante. On les propage aussi, mais plus difficilement, de boutures et de marcottes en pots. On obtient d'ailleurs, par ces procédés, des pieds moins beaux que ceux qui proviennent de graines.

Les jeunes plants, sans être très-délicats, craignent l'excès de froid et surtout d'humidité. On doit y porter la serpette le moins possible. Pendant les premières années, on leur donne des tuteurs.

Les Filaos ont une croissance rapide; si on les cultive en pots ou en caisses, il faut, autant que possible tous les ans ou au moins tous les deux ans, les rempoter ou les rencaisser dans des récipients plus grands; on fera bien, par la même occasion, de renouveler la terre.

CHAPITRE III

I. — PLANTATION.

En décrivant les espèces d'arbres d'ornement, nous avons indiqué, pour chacune d'elles, le climat, l'exposition et le sol qui lui conviennent, ainsi que les procédés employés pour la multiplier et l'élever en pépinière. Il nous reste maintenant à nous occuper de quelques travaux qui s'appliquent à la généralité des essences ornementales. Nous traiterons d'abord de la plantation et des travaux qui la précèdent immédiatement.

La première condition à remplir, c'est de préparer aux arbres un sol où ils puissent prospérer.

Il faudra donc commencer par creuser, peu de temps à l'avance si le terrain est bon, plusieurs mois au contraire avant la plantation s'il est de qualité médiocre, des trous assez larges et assez profonds, suivant la force des sujets à transplanter. En général, sous les climats du nord, on se trouvera bien de les creuser à l'automne, la plantation devant avoir lieu à la fin de l'hiver. Quant aux dimensions, on leur donnera, pour des arbres de taille moyenne, deux mètres en carré et un mètre de profondeur.

Dans cette opération, on doit mettre à part, sur trois des côtés du trou, les trois couches de terre enlevées, savoir la couche supérieure gazonnée, puis la moyenne, et enfin l'inférieure, ordinairement composée de terre inerte.

Quelquefois on creuse des trous ronds ; mais l'opération est un peu plus difficile, et on la réserve pour les essences rares ou précieuses, qui doivent être plantées isolément.

Quand il s'agit d'avenues, on préfère creuser une tranchée d'environ un mètre de largeur, et diviser la terre enlevée en deux couches, qu'on dispose sur les deux côtés.

Dans les terrains secs, sous les climats chauds et pour les arbres rustiques ou à feuilles caduques, la plantation aura lieu de préférence dans le courant de l'automne. Dans les terrains humides, sous les climats froids et pour les essences délicates ou à feuilles persistantes, elle devra plutôt se pratiquer vers la fin de l'hiver ou au commencement du printemps.

Quand le moment est arrivé, le sujet, arraché ou mieux déplanté avec précaution, de manière à conserver la plus grande masse possible de racines, sera transporté au plus tôt, pour éviter que ces racines ne se dessèchent, à la place qu'il doit occuper.

Là, on procède à l'*habillage*, c'est-à-dire qu'on *rafraîchit* les racines, en coupant les extrémités desséchées ou mutilées ; on supprime en même temps une partie des rameaux latéraux. Mais on doit, en général, éviter d'étêter l'arbre.

Pour procéder à la plantation, on commence par répandre au fond du trou une épaisseur de quelques centimètres de terre enlevée à la couche supérieure et gazonnée; puis on place l'arbre bien droit, et on étale ses racines, de manière à leur conserver leur direction naturelle; alors on répand au dessus le reste de la terre provenant de cette couche.

Quand on pourra se procurer de bonnes terres neuves, notamment celles qui proviennent du curage des fossés ou des pièces d'eau, on fera bien d'en garnir le fond du trou.

On répand ensuite la couche moyenne, préalablement bien divisée, et en même temps on secoue légèrement l'arbre dans le sens vertical, de telle manière que cette terre s'introduise et se tasse bien entre les racines; il est même bon de remplir à la main toutes les cavités qui pourraient se produire. De même, si l'on plante en motte, on aura soin de garnir de bonne terre les petits interstices entre la motte et les parois du trou.

Enfin, on achève de remplir celui-ci avec la couche inférieure ou inerte, qu'on raffermit en la tassant. On voit que dans cette opération, on a renversé l'ordre des couches de la terre qu'on a retirée dans la confection des trous.

On agit de la même manière quand on plante dans une tranchée. Dans ce cas, si l'on opère sur des arbres à rameaux opposés, tels que les Érables, les Frênes, les Marronniers, etc., il est bon de placer les arbres de telle sorte que leurs ramifications principales se trouvent placées dans les deux directions parallèle et perpendiculaire à la tranchée.

11. — TRANSPLANTATION DES GRANDS ARBRES.

Lorsqu'on veut transplanter de grands arbres, ce qui se pratique assez souvent aujourd'hui, il faut s'y prendre encore plus longtemps à l'avance. Un an

Fig. 37. Arbre cerné pour la transplantation.

ou deux avant la plantation, on commence par cerner l'arbre, en creusant tout autour, à une distance qui varie de 0 m 50 à un mètre, suivant la force des sujets, une tranchée circulaire plus ou moins profonde, en rapport avec la masse des racines. Cette tranchée doit se diriger obliquement vers le pivot de l'arbre, de telle sorte que la motte conservée ait la forme d'un cône tronqué renversé (fig. 37). Cela fait, on comble la tranchée, en foulant bien la terre.

« Dans le cas, dit M. Carrière, où on a coupé de grosses racines, on donne une bonne mouillure, chose qui peut sans inconvénient être répétée plusieurs fois dans le courant de l'été, surtout si le terrain est d'une nature sèche et légère. Si on a lieu de craindre que l'arbre ne se renverse, on le maintient avec des cordages. Lorsque plus tard le moment est venu d'enlever un arbre ainsi préparé, ce qui doit toujours se faire pendant le repos de la végétation, c'est-à-dire d'octobre en mars, on ouvre de nouveau la tranchée pour mettre à nu la motte; mais, par précaution, l'arbre est retenu avec des cordages.

« La motte ainsi dégagée est entourée de claies, de branches, de planches, ou simplement de paillassons fortement serrés avec des cordes. Ce qui vaut mieux encore, c'est de faire construire par un vannier un clayonnage dont la force soit en rapport avec le volume de la motte (fig. 38).

« Si l'arbre à transplanter est gros, on a dû ouvrir une tranchée de la largeur au moins du véhicule sur lequel il doit être chargé. Cette tranchée doit être en pente douce, à partir du niveau du sol jusqu'à la base de la motte; on y fait entrer à reculons le camion attelé au moins d'un cheval. »

Pour enlever l'arbre, on attache des cordages à sa tige, après l'avoir d'abord enveloppée de tampons épais aux points d'attache, pour éviter d'endommager l'écorce. En même temps, on coupe les racines qui se trouvent encore au fond de la tranchée. Enfin, ou soulève l'arbre à l'aide d'une chèvre, et quand il se trouve à une certaine hauteur, on le laisse descendre douce-

Fig. 38. Arbre avec sa motte clayonnée.

ment sur le camion, qu'on a préalablement fait reculer jusqu'à ce qu'il soit juste en dessous; il ne reste plus alors qu'à le fixer au moyen de cordes, de cales et de tampons, et à le transporter à sa place définitive.

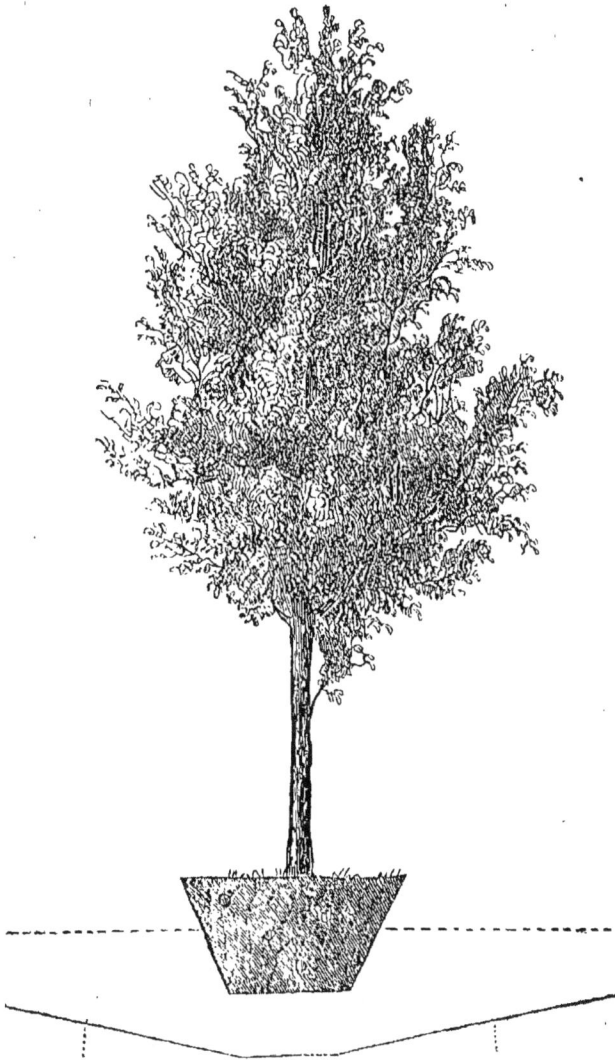

Fig. 39. Arbre transporté à demeure.

9

Ici on aura dû ouvrir une tranchée à double talus, afin que le camion puisse entrer en avançant. Dès qu'il est arrivé au point voulu, on soulève de nouveau l'arbre avec une chèvre; puis le véhicule continue à avancer et sort par l'autre côté de la tranchée.

L'arbre se trouve ainsi isolé et suspendu (fig. 39). On le fait descendre doucement à la place qu'il doit occuper; on débarrasse la motte de son entourage, et on achève de combler la tranchée, en tassant fortement la terre. Les cordes servent à fixer encore l'arbre pendant quelque temps.

« Il faut autant que possible, ajoute M. Carrière, exécuter ces sortes de travaux en hiver, lorsqu'il n'y a pas de neige et que la terre n'est pas trop humide; car, à part la facilité qui en résulte pour le travail, la transplantation est encore favorisée par la gelée, et voici comment. Lorsque la motte est préparée, on la mouille largement le soir; la gelée de la nuit suivante la transforme en une masse presque aussi solide qu'un morceau de pierre; on peut alors la transporter avec beaucoup plus de sûreté, et, lorsque les arbres ne sont pas excessivement gros, ce procédé évite quelquefois l'emploi du clayonnage. »

Pour les arbres de moyenne grandeur, et à plus forte raison pour ceux d'une dimension inférieure, on peut employer l'appareil Mac Glashen (fig. 40). Il consiste essentiellement en un cadre rectangulaire, auquel sont fixées quatre ou huit bêches, suivant la dimension de l'instrument. Le cadre étant disposé autour de l'arbre, on enfonce les bêches, soit à l'aide du manche dont elles sont quelquefois munies, soit dans le cas contraire avec un marteau. Quand elles ont pénétré à une profondeur suffisante, on les fixe entre elles au

moyen d'un cadre formé de barres de fer unies et con-
solidées au moyen de pas de vis et d'écrous.

On écarte alors la partie supérieure des bêches; on
rapproche par cela même leur partie inférieure, qui
comprime la motte de terre et lui donne la forme
d'une pyramide quadrangulaire tronquée et renversée.
Des ouvriers, en nombre suffisant, armés de leviers,

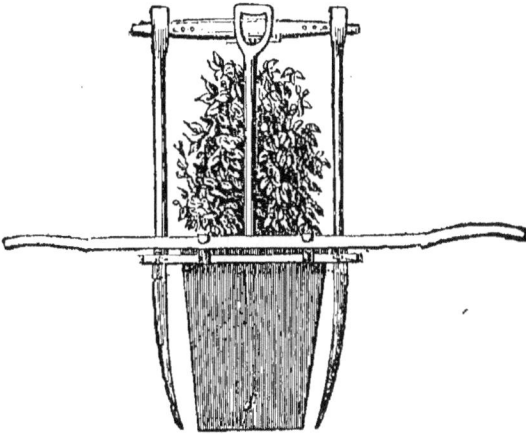

Fig. 40. Appareil Mac-Glashen.

soulèvent l'arbre, qui se trouve renfermé entre les fers
des bêches comme dans une caisse.

Il ne reste plus qu'à transporter l'arbre à sa place,
soit à bras d'homme, soit avec des véhicules, suivant
sa dimension. Ce procédé ne peut du reste être employé avec avantage que dans les sols assez compactes
et dépourvus de pierres.

III. — Soins d'entretien.

Aussitôt après la plantation, on a soin de donner un

bon arrosage, et on réitère cette opération de temps en temps. Pour qu'elle soit plus efficace, on étend autour de la tige un paillis, qui empêche l'évaporation trop prompte de l'humidité. On favorise ainsi la reprise du sujet et sa fixation au sol.

A toutes les époques de la vie de l'arbre, les arrosements seraient excellents; mais la dépense empêche souvent d'y avoir recours. Dans les plantations urbaines, surtout dans les pays chauds, on se trouve bien d'un système d'arrosement par rigoles souterraines.

Les jeunes arbres sont sujets à bien des accidents, qu'ils n'ont plus à craindre dans un âge plus avancé. Ils peuvent être renversés par les vents, par le choc des passants, des animaux ou des véhicules. Il faut donc leur donner un tuteur, auquel on les fixe par des liens de paille, afin de ne pas blesser l'écorce.

Celle-ci peut d'ailleurs être endommagée par les mêmes causes que nous venons de signaler. On y remédie en entourant la tige du jeune sujet d'une *armure* faite avec de petites lattes, des fascines ou des épines. Quant aux plantations en massif, on peut les protéger dans les premiers temps par une clôture suffisante.

Si, malgré toutes les précautions qu'on aura prises les plantations n'ont pas réussi, si les jeunes plants végètent mal, on aura recours au recépage. Ce procédé consiste à les couper rez terre avec un instrument bien tranchant. Il se produit alors de nouveaux rejets ou brins, qui forment une touffe. Mais bientôt un de ces brins ne tarde pas à prendre le dessus; les autres s'étalent, languissent et finissent par périr. C'est du moins ce qui passe toujours dans les massifs; pour les plantations isolées, il est facile d'aider l'action de la nature.

Quelques labours donnés au pied des arbres ameublissent le sol et favorisent les fonctions nourricières des racines.

On fera bien, par la même occasion, et surtout si l'arbre végète péniblement, d'enlever la terre épuisée, d'en apporter de nouvelle et d'y ajouter un peu d'engrais à demi-consommé.

Dans les vieux arbres, il arrive souvent que l'écorce rugueuse se couvre de mousses et de lichens; c'est un signe de décrépitude, et il est à peu près impossible de guérir cette affection. On peut néanmoins, dans les plantations d'ornement, prolonger de quelques années la vie des arbres et leur donner meilleure mine.

Pour cela, on enlève d'abord avec un râcloir ou une brosse rude les cryptogames parasites, en choisissant un temps humide.

Mieux vaut encore enlever avec une gouge toute la partie extérieure, rugueuse et inerte de l'écorce; cette opération est surtout avantageuse pour l'orme et quelques autres essences, en mettant à nu les galeries où s'abritent les larves des scolytes, qui les font périr en ravageant leurs couches corticales. Il faut avoir soin, dans cette opération, de ne pas entamer l'aubier.

Enfin, on étend sur la tige un lait de chaux, auquel on mélange, pour éviter la couleur blanche qui blesserait la vue, un peu de terre qui se rapproche de la teinte de l'écorce. Plus tard, cet enduit se détache peu à peu par l'action des pluies. L'arbre a fait en quelque sorte peau neuve et a repris de la vigueur.

IV. — ÉLAGAGE OU TAILLE.

L'élagage des arbres forestiers a pour objet de donner aux arbres une forme régulière ou en rapport avec l'emploi auquel ils sont destinés, d'obtenir la plus grande longueur possible de tige nue ou, en général, de bois de service.

Dans la taille des arbres fruitiers, on sacrifie au contraire le bois au produit principal; là on se propose, en diminuant le nombre et la dimension des productions ligneuses, de provoquer le développement plus considérable des bourgeons à fleurs, ou, en d'autres termes, des productions fruitières.

L'élagage ou la taille des arbres d'ornement se rapproche à certains égards des deux opérations précédentes; toutefois son objet essentiel est de donner à l'arbre une forme élégante et ornementale, de favoriser sa végétation, et, dans certains cas du moins, de lui faire produire une floraison abondante.

La taille des arbres d'ornement n'est donc pas aussi compliquée que celle des arbres forestiers et surtout des arbres fruitiers. Elle est à la portée de tous les amateurs; elle exige toutefois une certaine dose de goût et d'intelligence; elle réclame encore impérieusement assez de soins et d'attention.

Cette taille doit par dessus tout être progressive et modérée. Pour remplir ces deux conditions, il est bon de la commencer de bonne heure, dès qu'on s'est bien assuré de la reprise des sujets. Autant que possible, on ne doit jamais enlever de branches assez fortes ou assez âgées pour que l'aubier du centre se soit transformé en bois parfait. On ne saurait donc trop le répéter, il est bon de s'y prendre de bonne heure et d'y revenir souvent, afin de n'avoir à supprimer que de faibles rameaux.

Nous rappellerons qu'en général il faut s'abstenir d'étêter les arbres ou de supprimer leur cime, lors de la plantation.

Cette règle comporte néanmoins quelques exceptions. Ainsi, dans les plantations urbaines, on tient souvent à ce que les arbres s'élèvent peu et s'étendent beaucoup en branches latérales, et cela dans le double but de produire plus d'ombre et de ne pas masquer la vue aux étages supérieurs des habitations.

Dans les plantations d'agrément, on veut quelquefois écimer un certain nombre de sujets, soit pour leur faire produire un effet particulier, soit pour les greffer en tête ou en couronne, avec des variétés à rameaux étalés ou pendants. Dans ces divers cas, on peut se départir de la règle établie.

Il en est de même dans les localités exposées aux grands vents, où les arbres, ceux surtout dont la cime est élancée et la tige faible, pourraient être rompus ou déracinés. Nous n'insisterons pas davantage sur ces cas exceptionnels.

Dans l'année qui suit la plantation, la tige des jeunes sujets se couvre de bourgeons latéraux, dans la partie inférieure; il est bon de les enlever autant que possible avant qu'ils soient passés à l'état ligneux; il suffit le plus souvent pour cela d'embrasser la tige de l'arbre avec la main que l'on promène de haut en bas; c'est ce qui constitue l'ébourgeonnage.

La séve se porte alors vers la cime, qui se développe avec plus de vigueur. Dans les années suivantes, on réitère au besoin cette opération; dans tous les cas, on doit supprimer ces pousses latérales toutes les fois qu'elles se produisent et avant qu'elles n'aient atteint un trop grand développement.

Quelquefois la cime d'un arbre se bifurque et produit deux pousses terminales; on conserve la plus droite ou la plus vigoureuse; on supprime l'autre entièrement, si elle est encore assez faible; dans le cas contraire, on la raccourcit à moitié, pour la couper à sa base un peu plus tard.

D'autres fois, la pousse terminale se trouve détruite, soit à dessein, soit par accident, et on voudrait reformer la cime. Pour cela, on choisit une belle pousse latérale, située a $0^m,25$ environ au dessous de l'extrémité supérieure, et on la redresse contre le chicot conservé, en l'attachant avec un lien d'osier. Au bout d'un petit nombre d'années, elle a pris la direction verticale; on coupe alors le chicot à sa base; la plaie se cicatrise peu à peu, et bientôt après il n'y paraît plus. Mais on doit avoir soin de raccourcir les autres jets latéraux situés dans le voisinage de la nouvelle cime et qui pourraient nuire à son développement.

On laisse alors l'arbre végéter librement pendant quelque temps pour se rétablir et se bien former. Mais il faut maintenant s'occuper des rameaux latéraux, dont la croissance doit être surveillée et dirigée.

Ceux de ces rameaux qui seraient mal placés doivent être supprimés; on les coupe à leur base ou à moitié de leur longueur, en d'autres termes en une fois ou en deux fois, comme nous l'avons vu plus haut. Si deux rameaux se trouvent placés côte à côte, on n'en supprime qu'un à la fois. Quant aux branches qui s'emportent, on les rabat à la longueur convenable.

On doit toujours se servir d'instruments bien tranchants, et avoir soin de faire des coupes obliques, afin que les eaux pluviales ne puissent y séjourner, ce qui produirait des chancres.

En prenant les précautions que nous venons d'indiquer, et surtout, redisons-le encore, en coupant les branches avant qu'elles ne soient devenues trop fortes, on ne produira que des plaies de faible dimension et susceptibles de se cicatriser facilement. Il est bon cependant, pour les soustraire au contact de l'air, de couvrir les parties démudées, avec du mastic, de la cire à greffer, du coaltar, de l'onguent de Saint-Fiacre ou tout autre engluement.

Quelquefois on impose aux arbres d'avenue ou en lignes des formes particulières, en palissade, en éventail, en berceau, en pyramide, etc. Dans ce cas, à partir d'un certain âge, la taille est remplacée par une tonte aux cisailles ou au croissant, qui, n'atteignant que les extrémités des rameaux, ne nuit pas sensiblement à la vigueur et à la santé de l'arbre.

Toutes ces opérations se pratiquent en général pendant le repos de la végétation, c'est-à-dire depuis la chute des feuilles jusqu'au développement des bourgeons; mais on a soin de les suspendre pendant les grands froids.

FIN

TABLE DES MATIÈRES

—

TABLE DES GRAVURES

—

TABLE ALPHABÉTIQUE

Les noms de familles sont en lettres **grasses**; les noms génériques latins, en *italiques*; les noms français ou vulgaires, en romain

137 — Abbeville, imp. Briez, C. Paillart et Retaux

grevé, pour soutenir que tous les autres membres de l'énumération ne peuvent être compris que de la même manière.

Les raisons qu'on propose pour innover au texte ne me paraissent donc pas assez fortes ; mais je n'aurais pas même besoin de me prévaloir de la juste possession où je suis, ayant gardé la lettre de la loi. L'esprit même de la loi et la droite raison disent qu'il faut s'y tenir : car, tandis que les formalités pour l'insinuation des substitutions étaient autrefois quelque peu différentes de celles qui étaient requises pour la publicité des donations, aujourd'hui « la transcription, dit M. Demolombe (tom. V, p. 505), « constitue une seule et unique formalité qui s'ac- « complit absolument de la même manière et dans « le même lieu pour la donation et pour la substitu- « tion. »

Article 1073 C. N. « Le tuteur nommé pour « l'exécution sera personnellement responsable, s'il « ne s'est pas, en tout point, conformé aux règles « ci-dessus établies pour constater les biens, pour « la vente du mobilier, pour l'emploi des deniers, « pour la transcription et l'inscription, et en général « s'il n'a pas fait toutes les diligences nécessaires « pour que la charge de restitution soit bien et

www.ingramcontent.com/pod-product-compliance
Lightning Source LLC
Chambersburg PA
CBHW050125210326
41519CB00015BA/4102